U0219957

奇妙的基因世界

探索生命的密码

[德] 卡拉·哈夫纳 ◎ 著
[德] 米可·谢尔 ◎ 绘
张 超 ◎ 译

中国轻工业出版社

图书在版编目（CIP）数据

奇妙的基因世界：探索生命的密码 /（德）卡拉·哈夫纳著；（德）米可·谢尔绘；张超译. —北京：中国轻工业出版社，2023.10

ISBN 978-7-5184-4269-0

Ⅰ. ①奇… Ⅱ. ①卡… ②米… ③张… Ⅲ. ①基因—青少年读物 Ⅳ. ① Q343.1-49

中国国家版本馆 CIP 数据核字（2023）第 073843 号

责任编辑：巴丽华　　责任终审：张乃柬　　整体设计：董　雪

策划编辑：李　锋　　责任校对：吴大朋　　责任监印：张京华

出版发行：中国轻工业出版社（北京东长安街6号，邮编：100740）

印　　刷：北京博海升彩色印刷有限公司

经　　销：各地新华书店

版　　次：2023年10月第1版第1次印刷

开　　本：889×1194　1/16　印张：4

字　　数：100千字

书　　号：ISBN 978-7-5184-4269-0　定价：68.00元

邮购电话：010-65241695

发行电话：010-85119835　传真：85113293

网　　址：http://www.chlip.com.cn

Email：club@chlip.com.cn

如发现图书残缺请与我社邮购联系调换

220379E3X101ZYW

目录

你知道生命的密码吗

在你的生命旅程开始之前，你只是一个用肉眼完全看不到的微小细胞。这颗细胞开始分裂：从1个变成2个，然后是4个、8个、16个，如此往复，直到最终形成一个完整的生命体，也就是你！由万亿个细胞构成的你！但是这个小小的细胞一开始怎么知道它将成为一个人类，而不是一只老鼠、一头大象，或者另一种完全不同的生物？即便那个细胞知道它要变成人类，为什么偏偏是你，而不是这个星球上其他数十亿人中的一个呢？

长久以来，研究者们对此都没有答案。直到一个发现的出现：生物的性状是由一种叫作基因的东西决定的。在细胞内部，研究人员找到了一种非比寻常的物质——DNA（脱氧核糖核酸），它存储着有关基因的全部信息。你可以把它想象成一本说明书，这里面写着这种生物是如何构成的，长成什么样子，以及有哪些功能和特性。

那么究竟什么是基因？什么是 DNA 呢？为什么小到可以放进细胞里的 DNA，却包含着关于一种生物的所有信息呢？它又是如何将父母的信息传递给孩子的？如果人类修改了基因中的信息，会发生什么？如果人类开始重写这本“说明书”，又会如何呢？

这本书讲述的就是关于发现 DNA 的历史，以及这个发现是如何改变世界，改变我们人类的。

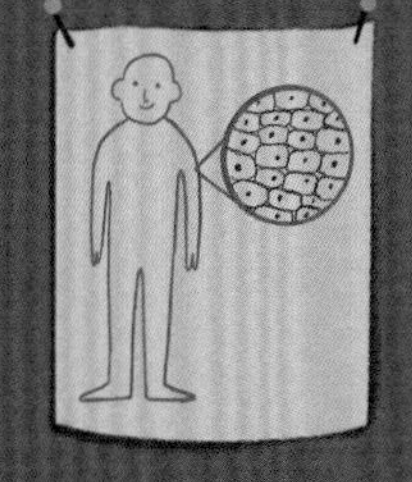

豌豆实验：故事的开始

我们的故事开始于 1856 年，在当时奥地利帝国的布隆（今捷克的布尔诺）的一个修道院里，有一位名叫格雷戈尔·孟德尔的修士，他热爱数学、物理和植物学，本想做一名学者。可惜他出生在一个贫困家庭，没钱上学，去修道院做修士就成了他摆脱困境的最好途径。

孟德尔很幸运，修道院的生活不只是祷告，还可以做很多研究，甚至还可以外出深造。他在维也纳待了两年，并将大量关于自然法则、数学和动植物的知识带回了布隆。除此之外，他还带回来一个想法，一个耗费巨大的研究计划！

回到布隆后他开始在修道院的温室里种下不同种类的豌豆：开紫色花朵的和开白色花朵的，皱粒和圆粒的，黄色豆荚和绿色豆荚的，高茎的和矮茎的，以及其他完全不同的品种。从那时起，他每天都花很多时间在温室里，年复一年！因为他知道，他正在解开一个谜题。

孟德尔和当时的许多学者一样，想要揭开遗传的谜题：孩子为什么长得像他们的父母甚至祖父母？动植物为什么会将自己的特征传递给下一代？当时的人们并不明白这其中的奥秘，不过农民们会利用这些规律定向培育牲畜。

孟德尔认为豌豆特别适合他的研究。他挑选出外观易于分辨的不同品种来做实验，比如，他会把一个开紫色花的品种和一个开白色花的品种杂交。

他从紫色花朵上采集花粉并将其涂在白色花朵的柱头上。花粉里的雄性生殖细胞（精细胞）会通过柱头抵达另一个植株的胚珠（卵细胞），并使其受精，而后，受精的卵细胞将生长成新的豌豆。

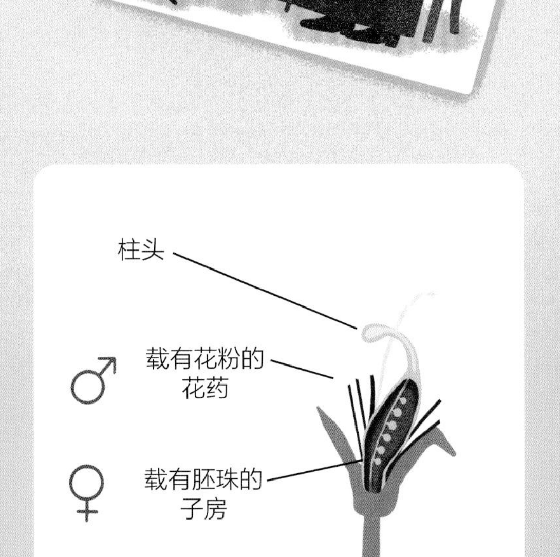

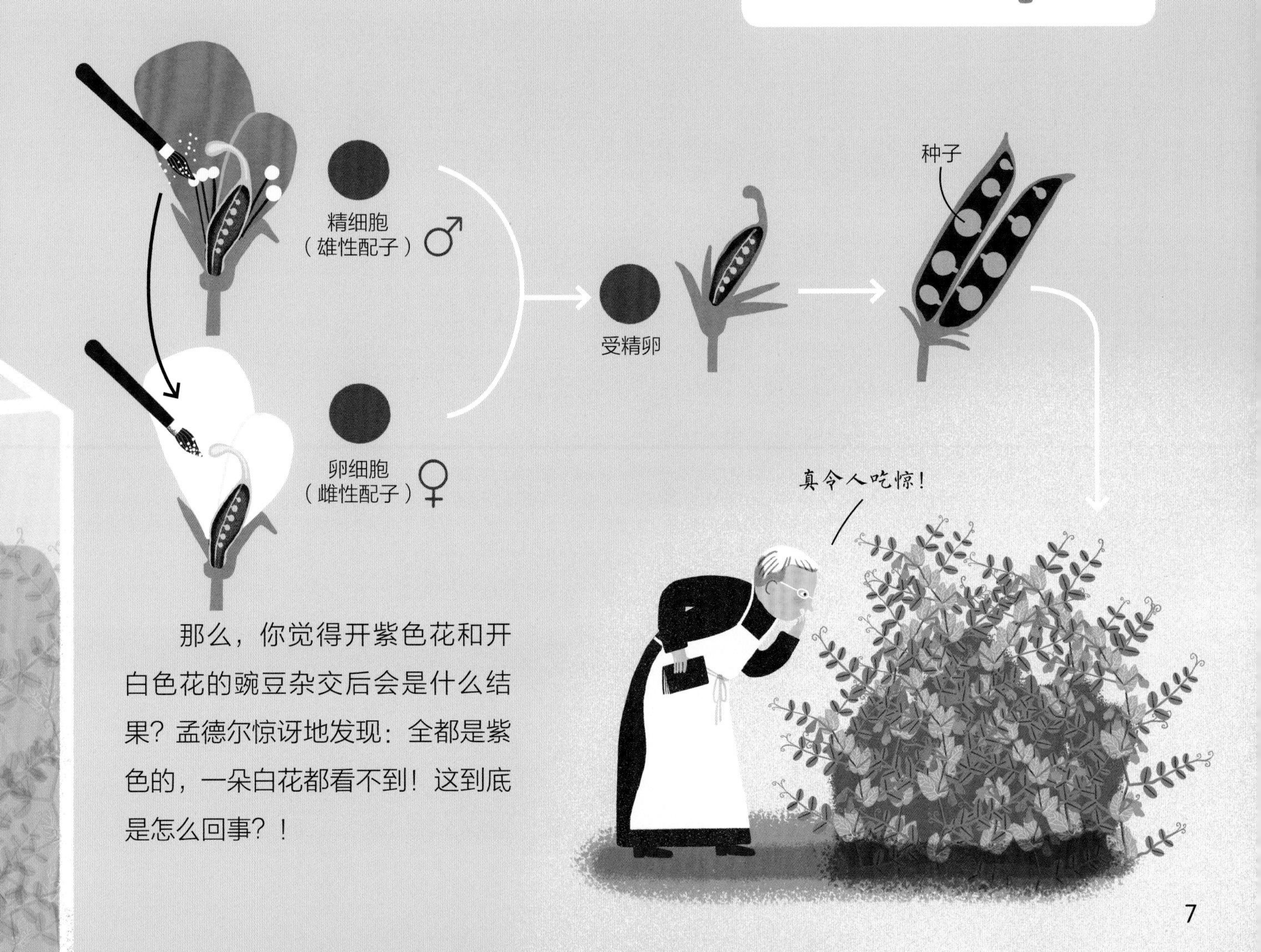

那么，你觉得开紫色花和开白色花的豌豆杂交后会是什么结果？孟德尔惊讶地发现：全都是紫色的，一朵白花都看不到！这到底是怎么回事？！

为了找出答案，孟德尔将这些新生的紫花豌豆彼此杂交。结果更令人惊讶，下一代里竟然出现了白花。这说明白花这个品种并没有消失，而是很奇怪地被隐藏起来了。他将这个杂交实验重复了上千遍，得到了一个花朵颜色呈现比例：大约 75% 的紫花和 25% 的白花，也就是 3：1 的比例。

孟德尔在他的豌豆实验里一共研究了 7 种不同的外观性状，这些实验全都得到相同的结果：所有子一代（第二代）的豌豆植株看起来都一样，也就是与亲代植株之一是一样的，但在接下来的子二代（第三代）中，两种变异就会显现出来，并且总是呈现 3：1 的比例。

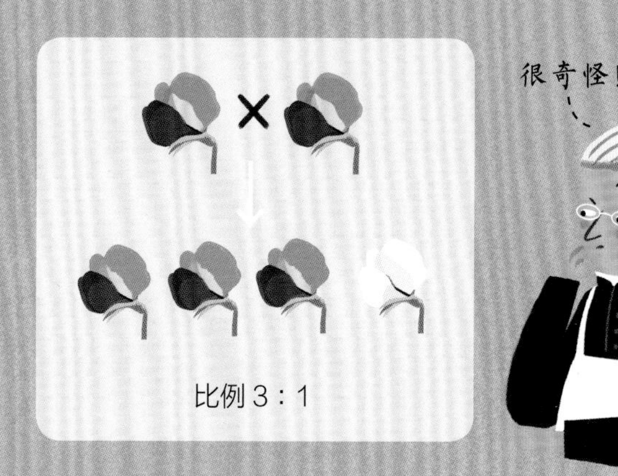

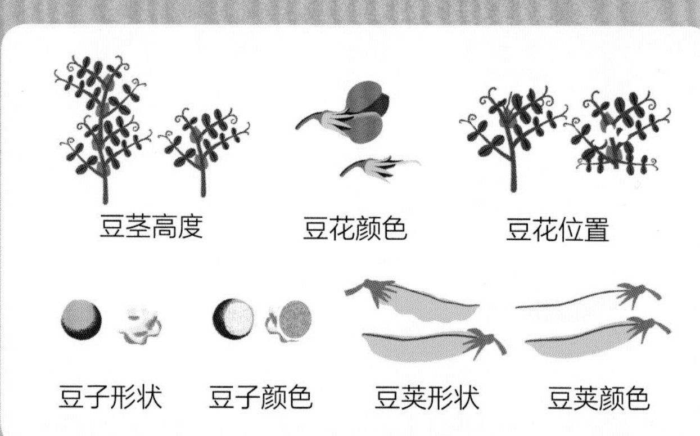

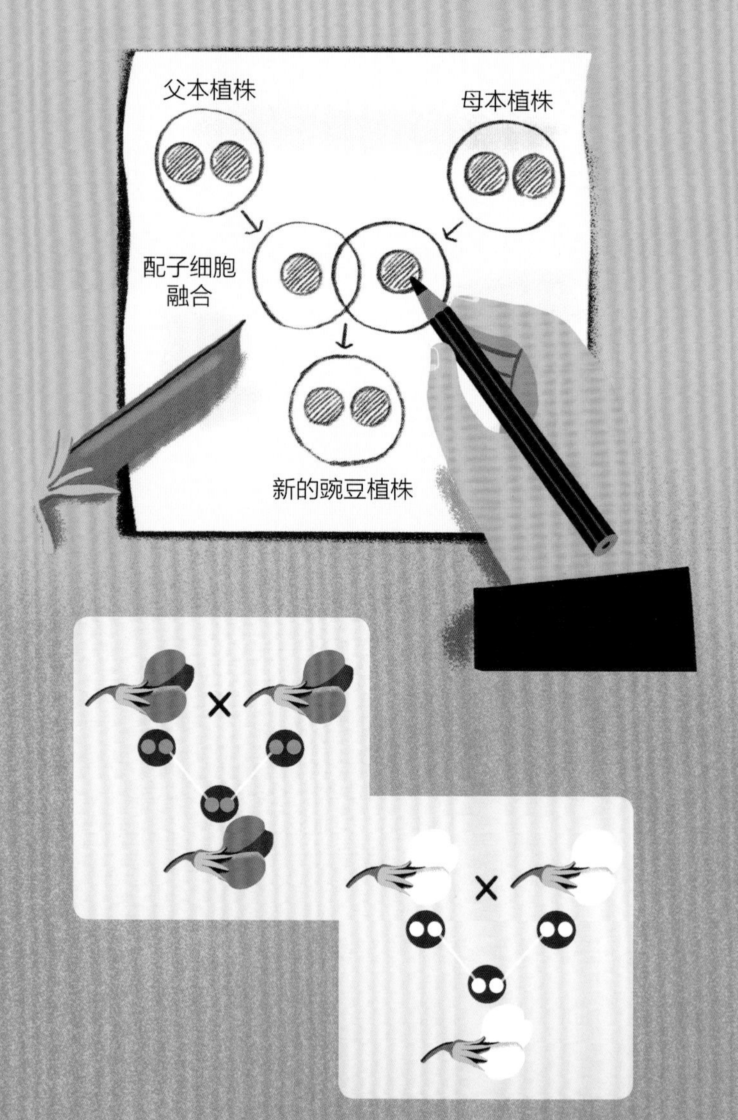

孟德尔想：那些配子细胞里面显然有什么东西携带了豌豆植株的性状信息，并且它会在杂交时把信息传递给子代。孟德尔认为它应该是某种小粒子，并将其命名为“遗传因子”。

因为在所有的外观性状上孟德尔都观察到了相同的结果，所以他认为在这背后一定隐藏着一个统一的规律，那就是：每一个外观性状都由两个遗传因子控制，它们是一对，但产生配子时只有一个因子会由亲代传递到子代。至于两个因子中的哪一个会传递下去，则完全是随机的。子代的豌豆植株和亲代一样，有两个因子，一个来自父本植株，一个来自母本植株。

但遗传因子又有两种存在形式，比如花朵颜色性状就分为“紫色”和“白色”。当一个植株有两个相同的遗传因子时，情况就变得明朗了：两个紫色因子得到紫花，两个白色因子得到白花。

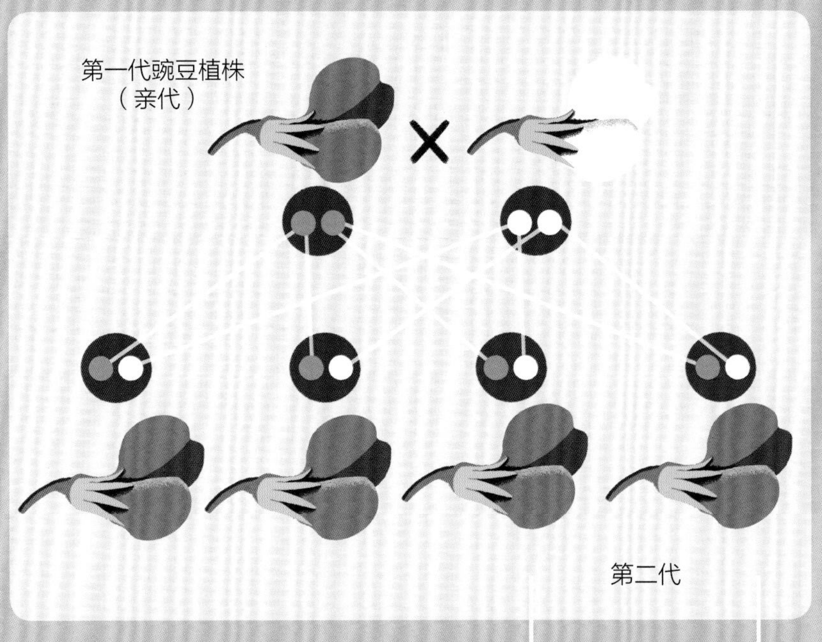

如果遇到一个植株有两个不同因子，情况则稍微复杂点：其中一个因子会阻碍另一个因子的显现。比如花色这对性状中，紫色因子会阻碍白色因子的显现。

孟德尔将这种覆盖性强的因子称作“显性因子”，把其表现无法被看到的因子称作“隐性因子”。

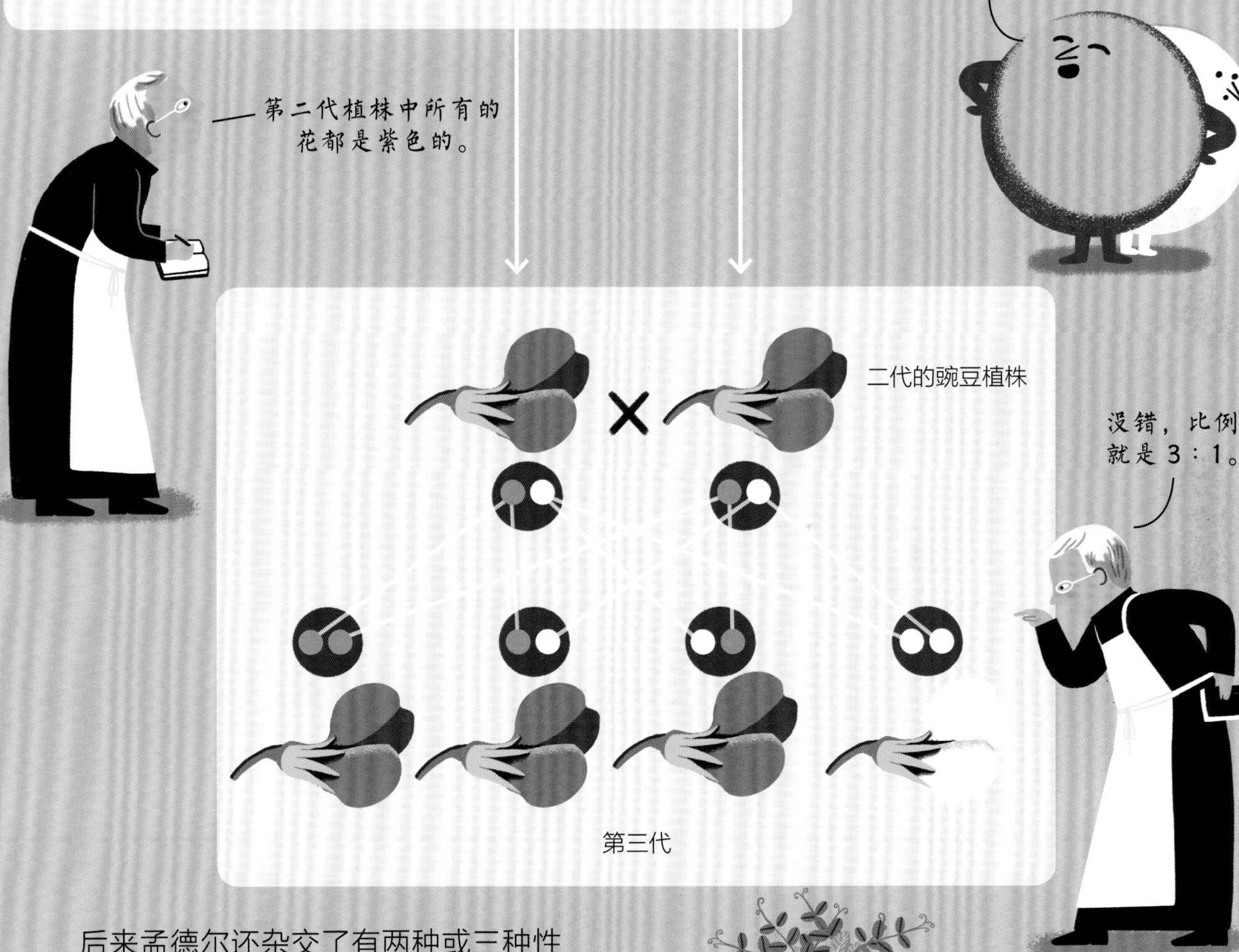

后来孟德尔还杂交了有两种或三种性状区别的豌豆植株。根据得出的数字比例，他指出：不同的性状会彼此独立遗传。比如对于花色性状的表达来说，植株是高茎还是矮茎，豆子是光滑还是褶皱都无所谓。一个性状的表达并不会影响到另一个性状的表达。

孟德尔的豌豆实验结果发表后，最初并没有人对此感兴趣。直到 35 年后，孟德尔本人都已过世多年，他的这一成果才被人们发现。科学家们终于认识到孟德尔的遗传学观察所蕴藏的重大意义。

孟德尔当时还不知道这些遗传因子是由哪些物质构成的，也不知道它们位于细胞的什么地方，但他至少确认了遗传因子的存在。遗传因子决定了豌豆植株的性状，并且这些性状会依照特定的规律由亲代植株遗传给子代。他所发现的这种遗传因子后来被人们称作“基因”。

事实上，孟德尔已经揭开了基因遗传的基本规律，当然，并不是只有豌豆才具备这种规律。基因是一切生命形式中遗传信息的传递员。它包含了一个生命所拥有的性状信息。通过遗传规律，我们可以知晓基因如何代代相传，豌豆是这样，人类也是如此。

没错！你也从你的父母那里继承了他们的基因，一半来自父亲，另一半来自母亲。这些基因包含了遗传信息，让你长成现在的模样。现在你终于知道了：为什么孩子会长得像他们的父母或祖父母，为什么兄弟姐妹会长得相像。这其中的奥秘就在于基因！

孟德尔的发现为遗传学这门新学科奠定了基础，因此人们称他为“遗传学之父”。

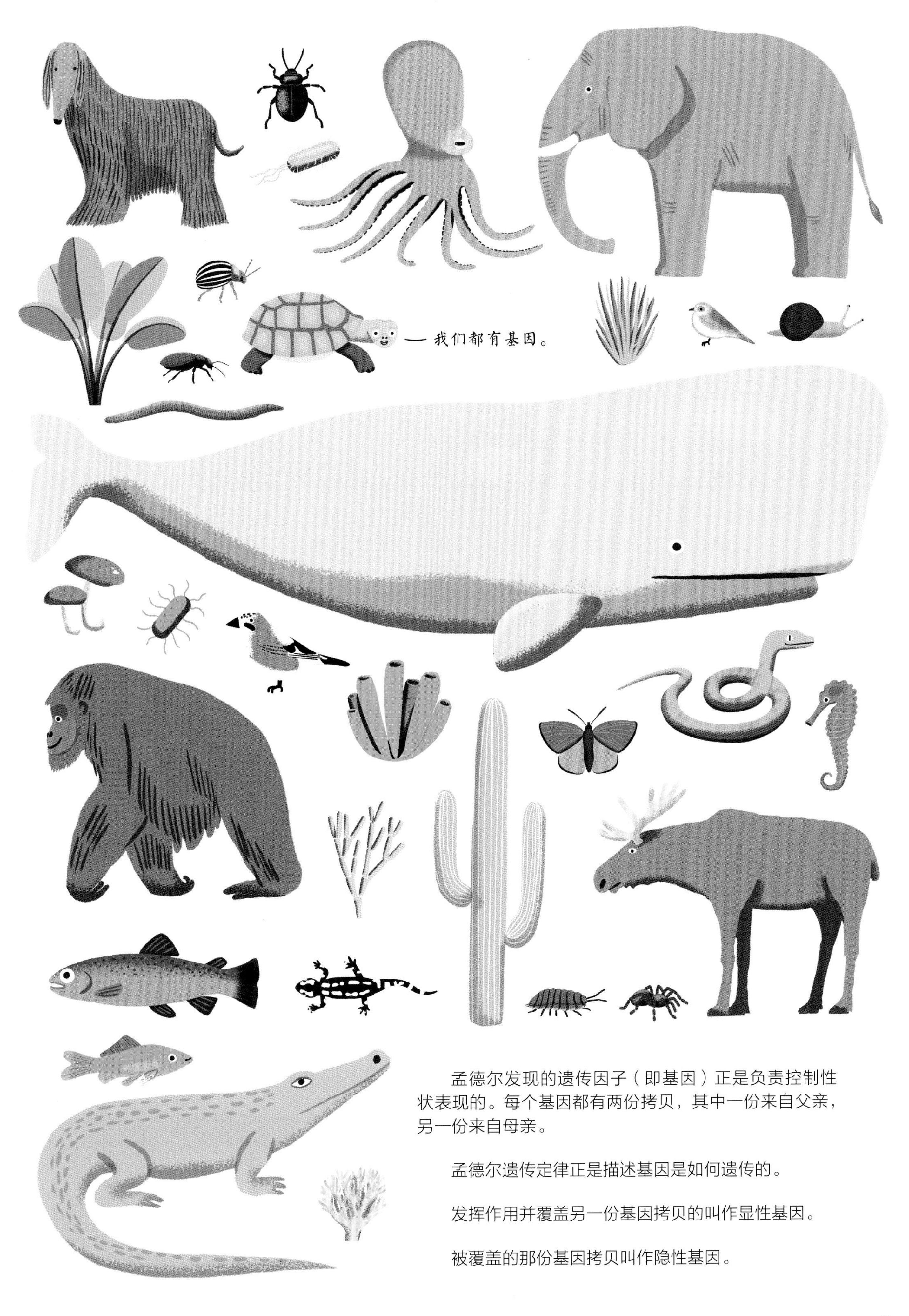

孟德尔发现的遗传因子（即基因）正是负责控制性状表现的。每个基因都有两份拷贝，其中一份来自父亲，另一份来自母亲。

孟德尔遗传定律正是描述基因是如何遗传的。

发挥作用并覆盖另一份基因拷贝的叫作显性基因。

被覆盖的那份基因拷贝叫作隐性基因。

显微镜下的奇妙世界

要寻找基因，我们得先进入到细胞内部。细胞是构成生命的基本单位。你的皮肤、肌肉、骨架、大脑，所有的这些都是由细胞组成的。亿万个微小的细胞构成了你！

18 世纪，人们通过显微镜掌握了很多关于细胞的知识。细胞里有一个圆形结构，研究者称其为细胞核。在细胞核里又有一个或多个更小的圆形结构，则被称为核仁。除此之外，研究者还发现细胞核被一种液体包围着，那就是细胞质。

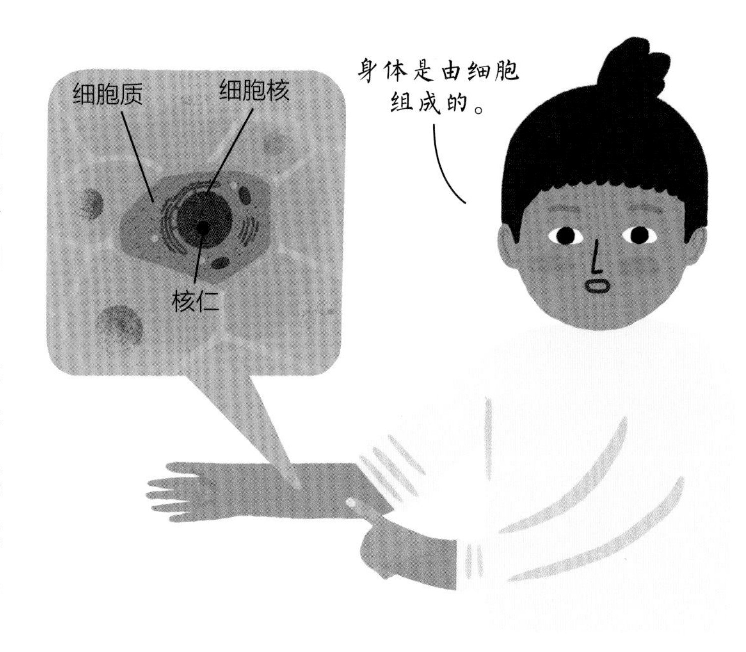

19 世纪的德国生物学家华尔瑟 · 弗莱明热衷于在显微镜下观察和研究细胞。有一次，他在尝试一种新型细胞染色技术时，发现在细胞核里一些奇特的东西被染成了明显的蓝色，弗莱明把它叫作“染色质”。

后来，弗莱明进一步观察了染色质在细胞分裂时是如何变化的。细胞分裂是很重要的过程，因为只有分裂增殖，一个生命体才能长大。细胞分裂由 1 个细胞开始，它会变成 2 个、4 个、8 个……就这样持续分裂下去。

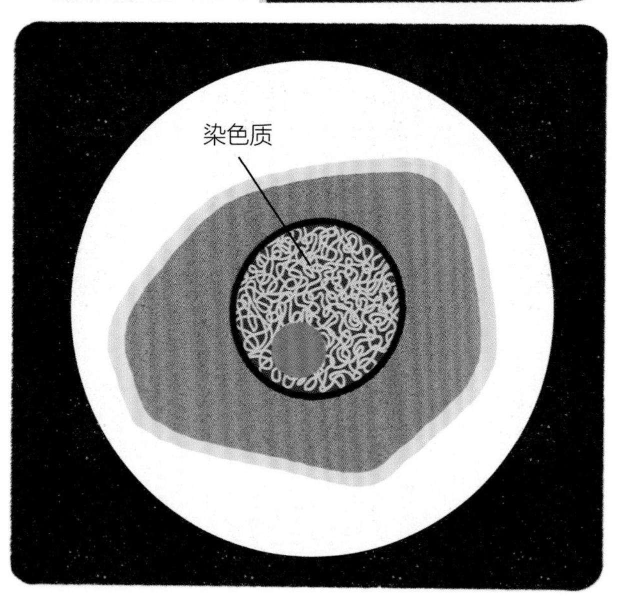

后来弗莱明在显微镜下观察了细胞分裂的整个过程，并且有了非常重要的发现。

1

在快要开始分裂前，包裹细胞核的核膜会突然分解，被染成蓝色的染色质的外形开始发生变化，它从乱麻一般的网状分布变成了缠绕在一起的线团。

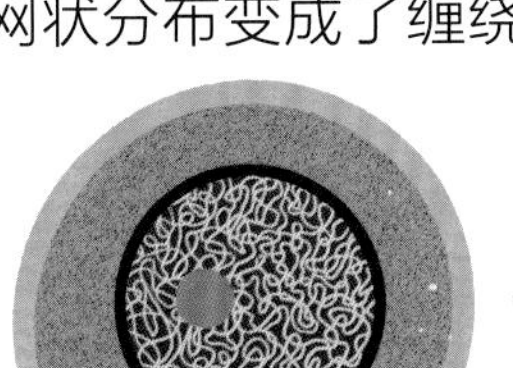

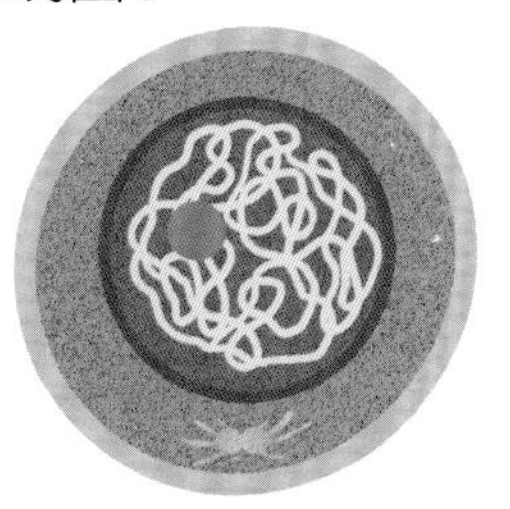

2

染色质的丝线变得越来越粗，很快就可以观察到一个个由两条很粗的染色质合并组成的个体。人们称其为染色体。

3

染色体逐渐移动到细胞的中间并笔直地排成一列，仿佛它们马上要跳一段交谊舞。

4

这时，在细胞的两端（也就是细胞的两极）已经生出了一些丝线，这些丝线连接在染色体的左右两端，然后将两条很粗的染色单体分开，最后再将分开后的两条染色单体拉向细胞的两极。

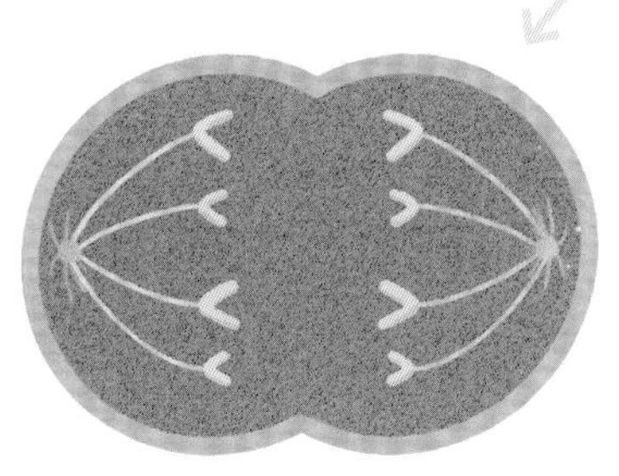

5

这时就仅有各自一根很粗的染色体了，然后这些被拉到细胞两极的染色体会重新被核膜包裹起来。

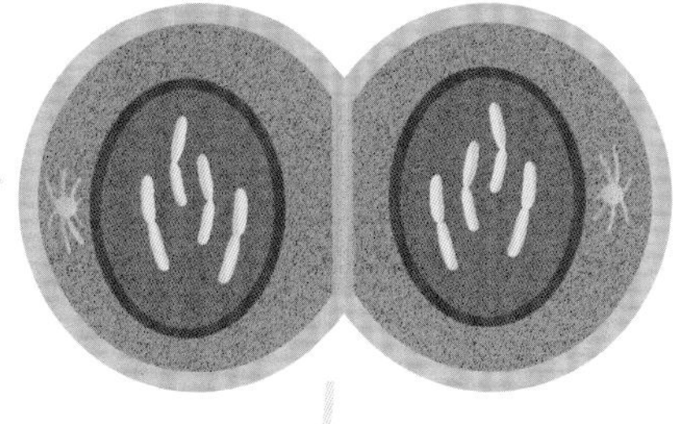

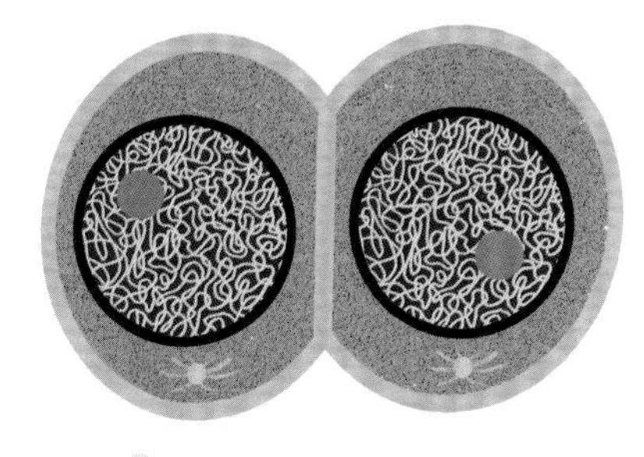

6

染色体再次变回它分裂前的样子，核膜会把它们压缩到细胞的中心。

就这样，一个细胞分裂成了两个，也就是两个子细胞。弗莱明将细胞分裂的过程称为有丝分裂。后来，人们也理解了为什么分裂刚开始的时候染色体有很粗的双份，分裂完之后又只剩下一条。原来，这条染色体在细胞开始分裂前悄无声息地复制了自己。这个复制过程十分重要！因为只有先复制再分开，才能使子细胞与母细胞中的染色体数量保持一致。

减数分裂：生殖细胞产生的过程中，染色体数目会减半

1900 年，德国细胞学家西奥多 · 博韦里在维尔茨堡做研究，他对另一个过程——生殖细胞的产生过程很感兴趣，这一过程叫作减数分裂。我们在孟德尔的杂交实验中已经见到过生殖细胞了。它们是一种非比寻常的细胞，因为生命就诞生于它们。博韦里在显微镜下有了一些很重要的发现：在生殖细胞产生的过程中，染色体的数目减少了一半。在雄性生殖细胞和雌性生殖细胞融合后，染色体的数量才重新变回双倍的数目。

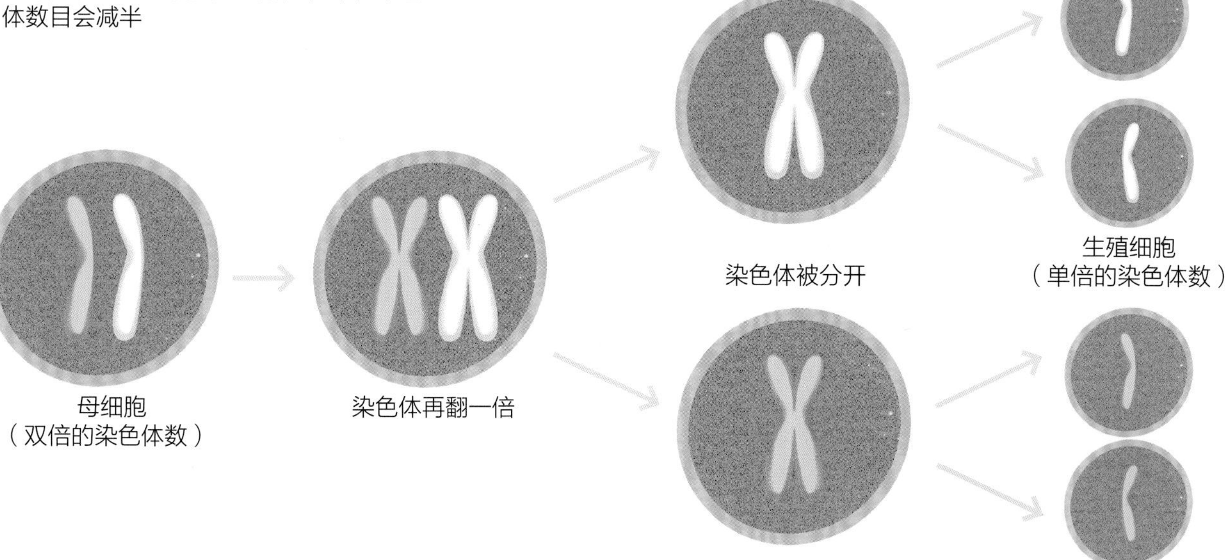

一个生命体的每个细胞内都有相同数量的染色体，但是在生殖细胞里，染色体的数量仅有一半。只有在生殖细胞融合后才会有双倍的染色体数量。

我们好像在哪里听到过“两个一对”的说法？没错，就是在孟德尔的豌豆实验里。只是当时我们谈论的不是染色体，而是遗传因子。于是，西奥多 · 博韦里和他的美国同行沃尔特 · 萨顿也发现了“两个一对”的情况，并于 1904 年共同发表了关于基因位置的推测，即基因一定位于染色体上。

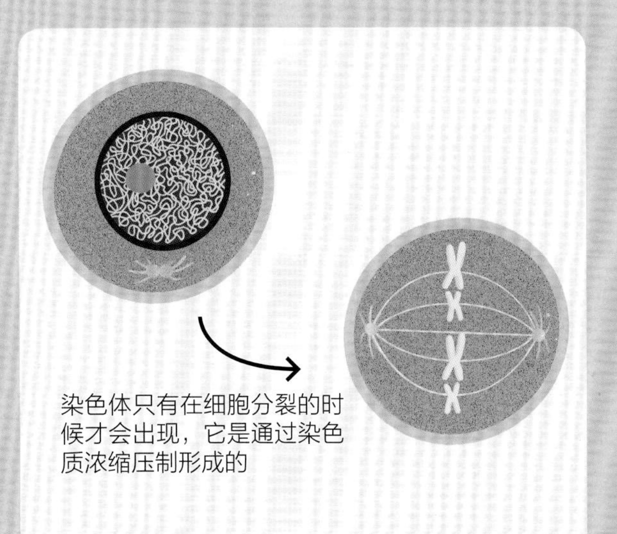

染色体只有在细胞分裂的时候才会出现，它是通过染色质浓缩压制形成的

后来人们发现，一个人一共有 46 条染色体，它们两两一对，一共 23 对。这 23 对染色体中，每一对的两条染色体都有一条来自父亲，一条来自母亲。

23 号染色体是其中很特别的一对。这对染色体是由两条性染色体组成的。其中一个为 X 染色体，另一个稍短的染色体为 Y 染色体。性染色体决定我们的性别：如果是男孩，就有一个 X 和一个 Y 染色体；如果是女孩，就有两个 X 染色体。

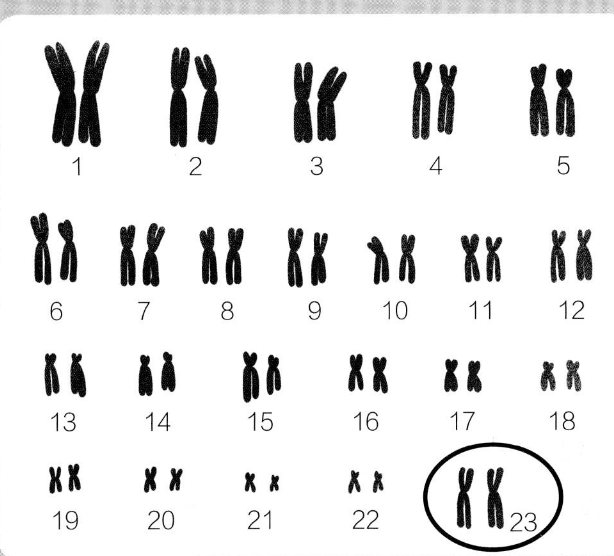

性染色体

X Y 或 X X

我们人类身体的细胞里有 23 对（也就是 46 条）染色体。但在生殖细胞中的染色体只有一半（23 条）。

有丝分裂是体细胞（与生殖细胞相对，是身体的普通细胞）分裂的过程。当一个生命体成长的时候，或者当细胞更新的时候，有丝分裂就会发生。

减数分裂是产生雄性和雌性生殖细胞的过程。由这两种生殖细胞可以孕育出新的生命。

果蝇之家的大发现

基因理应分布在染色体上。但是人们应该如何理解基因这个概念？基因又到底是什么东西？当时的美国遗传学家托马斯 · 摩尔根对基因抱有很大的怀疑态度。他想要检验孟德尔的遗传学观察结果，他没有选择豌豆，而是用果蝇作为实验对象。1908 年，他在纽约的哥伦比亚大学实验室开始了自己的研究。

就像孟德尔的豌豆实验一样，摩尔根首先需要找到果蝇身上的一个性状，这个性状既要在不同的个体间表现出差异，又可以遗传给后代。摩尔根开始和同事们大量饲养果蝇。很快，实验室的桌子上摆满了装有果蝇的小瓶子。没过多久，这里就成了“果蝇之家”。

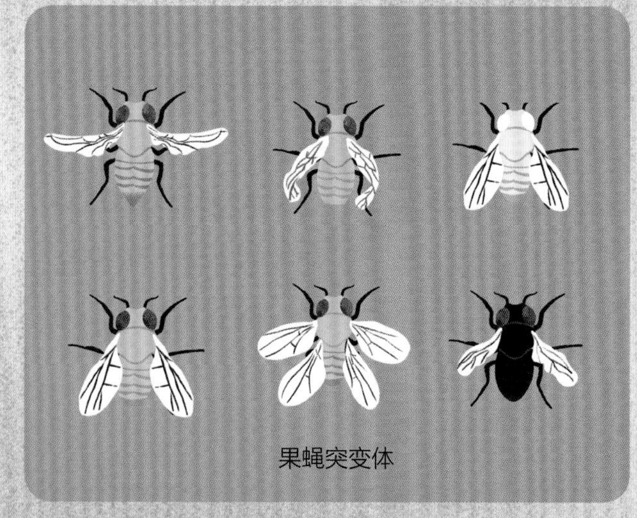

果蝇突变体

他们经过大量的实验，发现了一些长得不太一样的个体。这些果蝇中出现了一些随机的基因变化，也就是基因突变。于是，摩尔根就拥有了不同种类的果蝇突变体，有的是短翅膀，有的长出弯曲的腿或者多余的腿，有的是在触角上多长了须，或是缺少眼睛……有了这些特别的果蝇，摩尔根就可以好好地研究遗传了，因为出现在果蝇后代中的那些不同寻常的变异性状可以很好地与原始性状进行区别。

摩尔根最后得到了与孟德尔一样的实验结果，不过他还发现了一些其他现象。摩尔根将带有白眼变异的雄性与红眼雌性杂交，然后将其后代与白眼变异的父本继续回交（即子一代与两个亲本中的任意一方进行杂交）。结果发现，白眼变异只出现在雄性果蝇上。他重复实验了多次，没有一只雌性果蝇出现白眼变异。真是奇怪！由此推断，白眼变异与果蝇的性别绑定在了一起。性别又由性染色体（X 和 Y）决定。因此，决定白眼变异的基因突变一定在某条性染色体上。通过果蝇实验中获得的数据，他推断出那一定在 X 染色体上。摩尔根将一个具体的基因与一个具体的染色体联系到了一起，这一发现成为后续研究的开端。

他发现，性状不总是彼此分开遗传的，有时也会一组一组地遗传。比如短翅和黑色身体的变异会绑在一起遗传；白眼和身体的黄色也会一起遗传。他根据遗传绑定的情况，将不同的性状分成了 4 组。

猜猜看，果蝇有多少对染色体呢，竟然是 4 对！这难道是巧合吗？不是的，至少摩尔根不这么想！他认为，正是因为那些关联成一组的基因处在同一条染色体上，所以那些性状才能够一起遗传。就像把珍珠串成项链一样，他把基因一个个排到了染色体上。

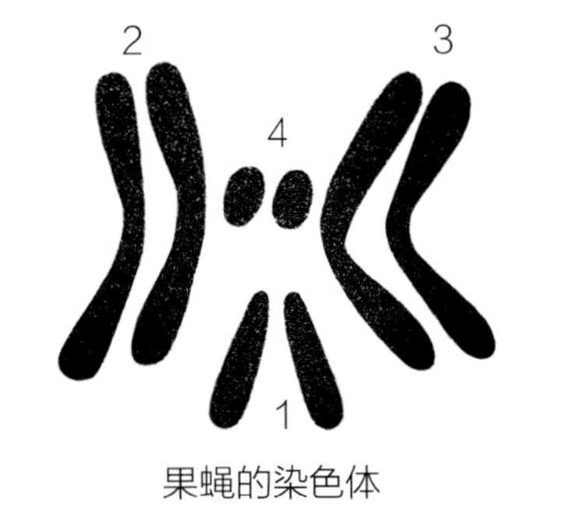

果蝇的染色体

摩尔根和他的同事不仅能分辨出哪些基因共同分布在哪条染色体上，他们还发现了，哪些基因离得更近，哪些基因离得更远。他们几乎可以确定哪些基因具体分布在染色体上的哪个位置，并根据这些制作出了世界上首个基因图谱。

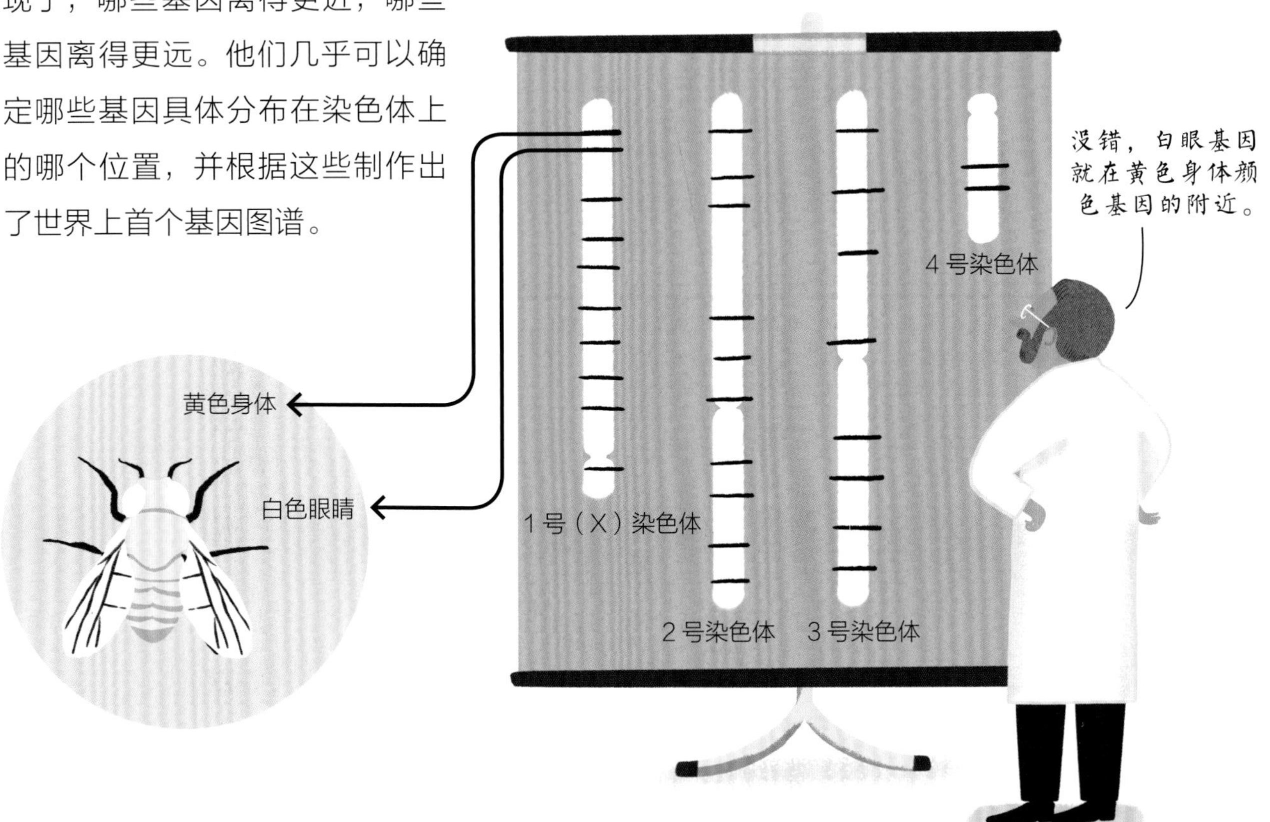

基因里的小“拼图”

现在看来，孟德尔遗传定律中的遗传因子（基因）是确实存在的，它就在染色体上。那基因到底是由什么物质构成的呢？

早在 1869 年，工作在德国图宾根的年轻医生弗雷德里希·米歇尔就已经有了一些相关的发现：他用血细胞（准确地说是白细胞）做了实验，这些白细胞是他从包扎病人伤口的绷带上残留的脓液里提取来的。

当时人们已经知道，人体细胞中很大一部分是由蛋白质组成的。米歇尔想通过实验来更多地了解这些蛋白质以及它们的功能。

不过，他在试管中发现的不是蛋白质，而是一些其他物质—— 一种白色沉淀物。这种沉淀物是从细胞核里面提取出来的，它们没有表现出一点蛋白质的性质。起初，米歇尔把它们称作核素。后来由于这种物质的化学特性是一种酸，故而改名为核酸。由于核酸在室温下会快速分解，所以通常需要冷冻保存，待取用时再解冻。米歇尔很幸运，当时正值冬天且实验室里非常冷，否则核酸会立刻分解掉，也就无法被发现了。

米歇尔很快就找到了核酸的另一个来源：鲑鱼精液。因为鲑鱼精液中含有非常多的雄性生殖细胞，他可以从中提取到大量的核酸。不过这项工作非常耗神费力，那个年代还没有冰箱，他只能在冬天做实验。

米歇尔经常午夜起床，带着渔网到河边去捕鲑鱼，取得雄性鲑鱼的新鲜精液，然后把它们带回实验室，还必须开着窗户，在凛冽的寒风下进行实验。

虽然核酸被发现了，但是它在细胞里到底是做什么的呢？

为了回答这个问题，人类等待了 75 年。直到 1944 年，美国医生、生物学家奥斯瓦尔德·埃弗里在实验中证实，核酸更准确的叫法应是脱氧核糖核酸（DNA），正是这种物质构成了基因，它也决定了人体有什么样的性状，以及父母能给孩子遗传什么。

科学家们花了非常久的时间去寻找这种物质。后来人们又发现了更多有关 DNA 的细节，具体来说就是它们的化学成分是：糖（脱氧核糖）、磷酸根，还有碱基（腺嘌呤、鸟嘌呤、胸腺嘧啶、胞嘧啶）。虽然这些名词看起来偏化学，但可把它们当作一块块拼图，这些化学名称就是拼图的标记。

除了 DNA，科学家们还发现了第二种核酸：RNA。它也是人体发现之旅中的重要一环，但它的地位要略靠后一些。看看右图就会知道 DNA 和 RNA 的区别，DNA 中的糖是脱氧核糖（deoxyribose），所以它叫脱氧核糖核酸。RNA 中所含有的糖是普通的核糖（ribose）。你一定猜到 RNA 代表了什么，没错，正是核糖核酸！或许你还注意到它们俩的另一个区别：RNA 里面并不会出现胸腺嘧啶，取而代之的是一种名为尿嘧啶的碱基。

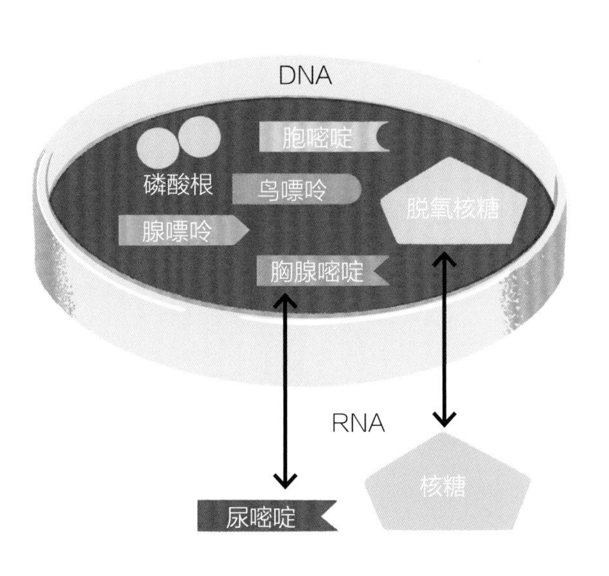

位于细胞核内的 DNA 是染色体的主要组成部分，它是遗传信息（即基因）的载体。DNA 又是由脱氧核糖、磷酸根以及四种碱基（腺嘌呤、鸟嘌呤、胸腺嘧啶、胞嘧啶）组成的。

一共有两种核酸：DNA（脱氧核糖核酸）和 RNA（核糖核酸）。

RNA 与 DNA 在构成上略有区别。RNA 含有的糖是核糖而不是脱氧核糖，此外，它含有的碱基不是胸腺嘧啶（T）而是尿嘧啶（U）。

美妙的双螺旋

DNA 究竟是如何携带一个生命的所有信息的呢？这个谜题背后正是我们生命的奥秘，其意义非比寻常。因此，当时的科学家们争先恐后，全力探索。

英国科学家罗莎琳德·富兰克林和莫里斯·威尔金斯在伦敦的一个实验室里借助 X 射线探索 DNA 的结构。他们将 DNA 晶体化，以保证分子的稳定性，然后用 X 射线照射它。这样就得到了一张 X 光照片。他们想通过这张 X 光照片来了解 DNA 的构成和形状。你可以把这张照片想象成一幅影子画，当你用手电筒在一个黑暗的房间里面对着你的手或者一个东西照过去，它们的影子就会投射到墙上，形成一幅画。

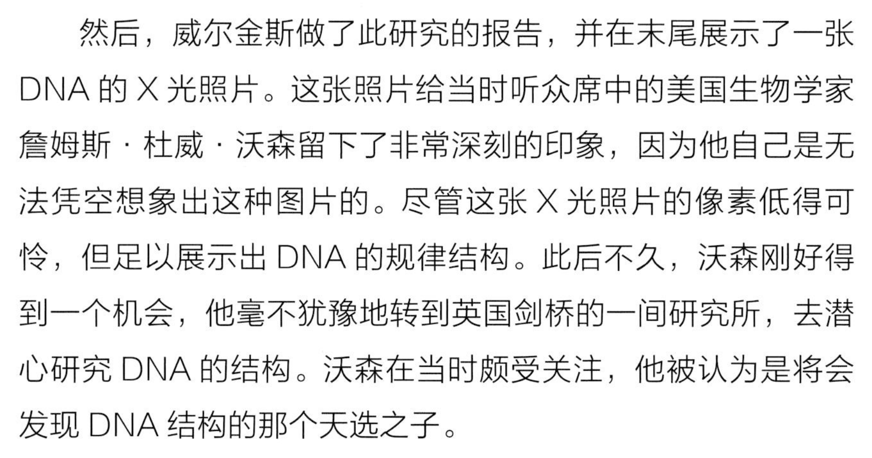

然后，威尔金斯做了此研究的报告，并在末尾展示了一张 DNA 的 X 光照片。这张照片给当时听众席中的美国生物学家詹姆斯·杜威·沃森留下了非常深刻的印象，因为他自己是无法凭空想象出这种图片的。尽管这张 X 光照片的像素低得可怜，但足以展示出 DNA 的规律结构。此后不久，沃森刚好得到一个机会，他毫不犹豫地转到英国剑桥的一间研究所，去潜心研究 DNA 的结构。沃森在当时颇受关注，他被认为是将会发现 DNA 结构的那个天选之子。

在研究所里，沃森结识了英国生物学家弗朗西斯·克里克。他们痴迷地讨论着各种有可能的 DNA 构型，并乐此不疲。他们用一些简单的材料来构建 DNA 的模型，如金属小片、木材、小球、绳索、螺钉等。他们总是泡在实验室里不出来，对模型拧拧转转，做着计算，或者思考、讨论。

与此同时，奥地利生物学家埃尔文·查戈夫正在纽约哥伦比亚大学的实验室里研究不同生物的 DNA。构成 DNA 的化学成分总是那么几个，糖、磷酸根，以及四种碱基：腺嘌呤（A）、胸腺嘧啶（T）、胞嘧啶（C）、鸟嘌呤（G）。他发现了一些非常有趣的事：四种碱基中总有两种拥有相同的数量。也就是说，腺嘌呤和胸腺嘧啶的数目一样，鸟嘌呤和胞嘧啶的数量一致。这可真令人惊讶！

有一次，沃森去威尔金斯的实验室拜访他，想找他聊聊DNA的结构，威尔金斯就给沃森看了一张富兰克林拍的DNA的X光照片——著名的“照片51号”（左图）。沃森一看到照片就立刻反应过来，DNA一定是螺旋状的，也就是一个螺旋盘绕的链条，就好像螺钉的螺纹一样。

紧接着，沃森推断DNA一定是双螺旋的（结构），也就是由两条链构成的。因为基因和染色体都是成对出现的，并且细胞会自我复制。如果把DNA设定成双链模型，便能完美契合所有条件。

于是，沃森和克里克开始尝试做一个DNA的模型。他们又遇到一个问题，那些构成DNA的零件是如何连接在一起的呢？已经明确的是，DNA的链条是由糖和磷酸根构成的。现在需要搞清楚四个碱基的连接方式。究竟是链条在里，碱基在外，还是反过来？碱基与碱基之间又是如何连接在一起的？

沃森注意到，腺嘌呤和胸腺嘧啶形成一对，鸟嘌呤和胞嘧啶也形成一对。这样一来，一切就说得通了：链条在外，碱基在里，碱基之间彼此相依相连。回想一下查戈夫的实验结果，每两种碱基的数量总是相同的。这一结论瞬间变得合情合理，一切都完美吻合了。

1953年3月，沃森和克里克解开了DNA结构的谜题。DNA的双螺旋结构就像是一个无限延长的、向内卷曲起来的长梯。由糖和磷酸根构成主链，主链相当于长梯的两条绳索，而碱基就像是长梯中间的横木脚踏。

每个生命的构造信息都藏在碱基的序列里，那是一个由四个代表碱基的字母形成的密码，A（腺嘌呤）、T（胸腺嘧啶）、G（鸟嘌呤）、C（胞嘧啶），这4个简单的字母构成了生命的密码，它们编码了世界上各种生命体的DNA构造。

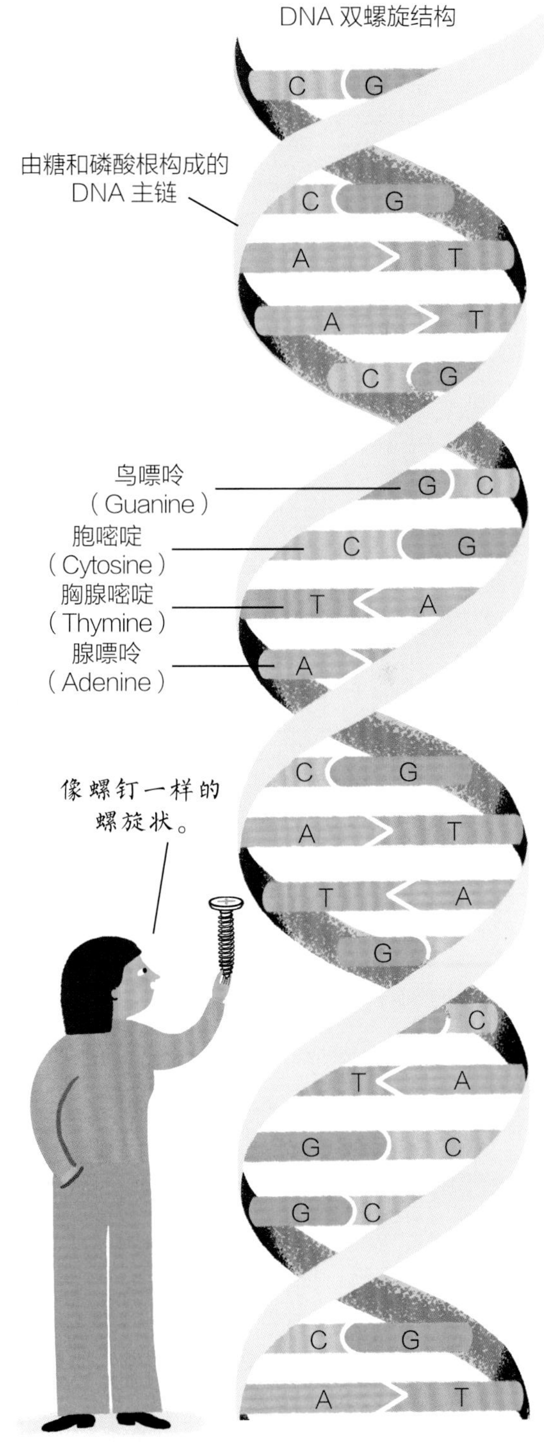

复制 DNA 就像拉拉链

解开 DNA 结构的谜题后，沃森和克里克没有止步，他们很快延伸了思路。碱基对（每两种碱基凑成一对）的顺序在 DNA 上是显而易见的。当人们知道其中一条链上面的碱基顺序，便能推测出与之互补的另外一条链上的碱基顺序。这个碱基排列的顺序正是细胞分裂时的关键，DNA 因此得以复制并传递下去。

这种序列很重要：因为当一个生命成长的时候，它由一个细胞开始变成多个细胞，每一个单独的细胞里面都要带着相同的遗传信息。

你可以把 DNA 想象成一个拉链，DNA 里的碱基就好比拉链上的齿扣。当 DNA 需要复制的时候，拉链就会打开，然后每个单链都会通过互补的碱基对形成一条新的互补的链条。碱基配碱基，相配的碱基就这样在一条链上一个挨一个连接起来。很快，两条链变成了四条链，一个 DNA 双螺旋变成了两个。由此，细胞分裂后的两个子细胞中就包含了两套完全相同的 DNA。整个过程被称作 DNA 的复制。

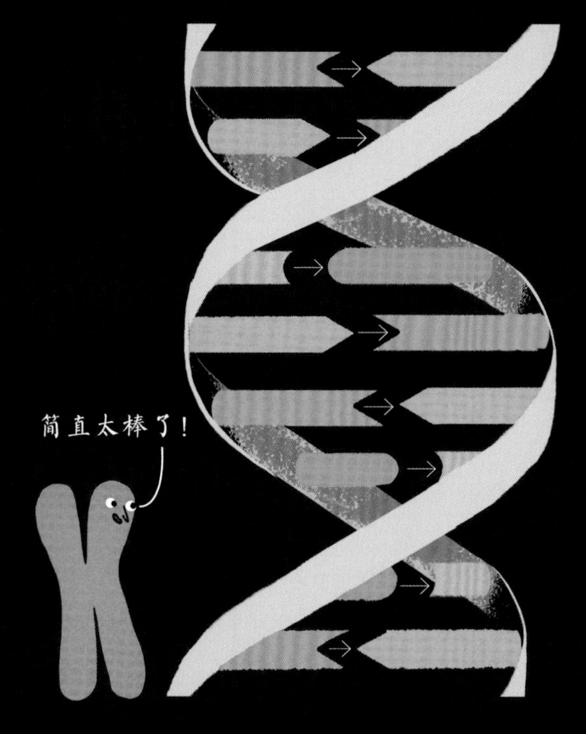

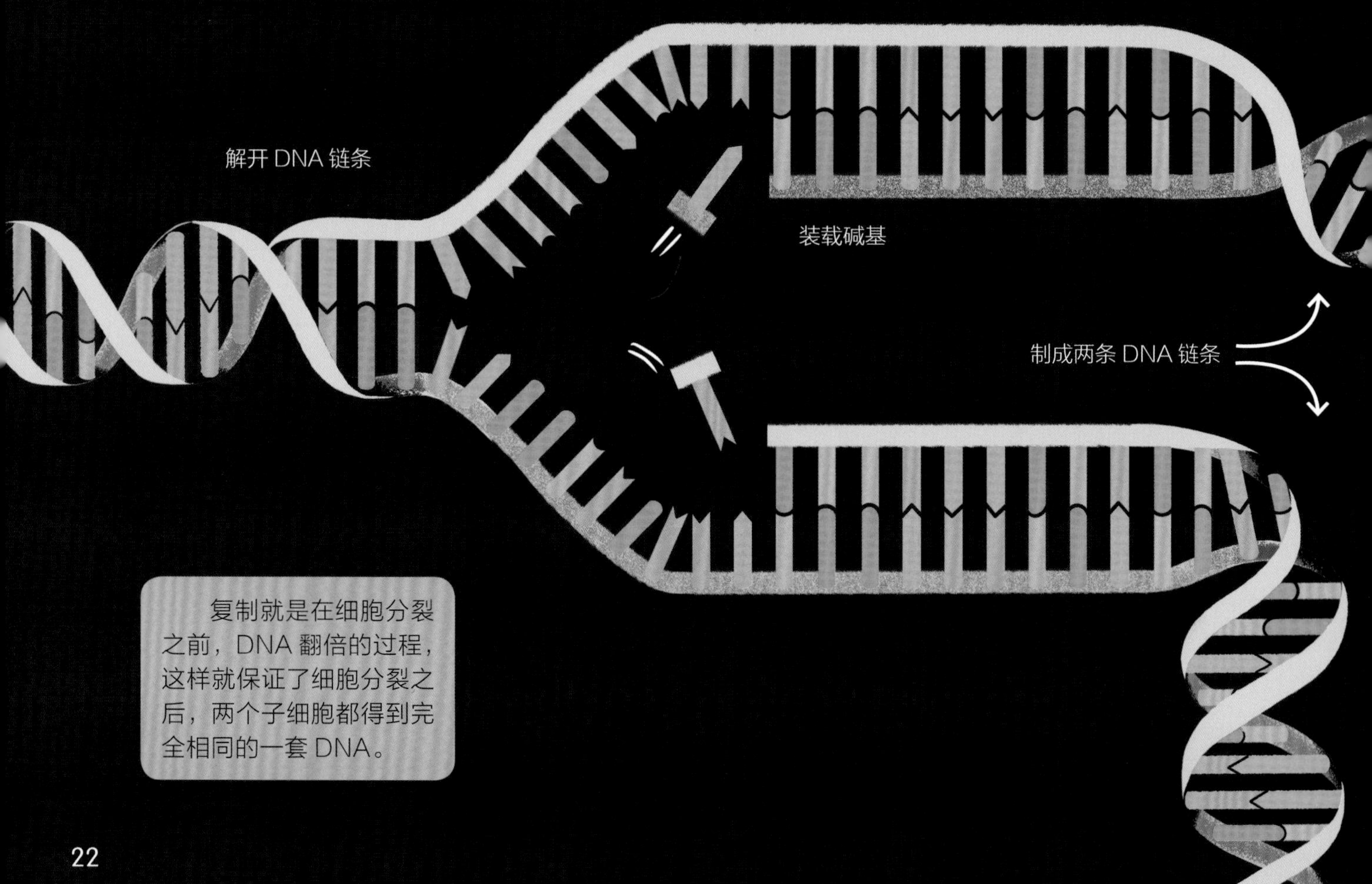

复制就是在细胞分裂之前，DNA 翻倍的过程，这样就保证了细胞分裂之后，两个子细胞都得到完全相同的一套 DNA。

破解遗传的密码

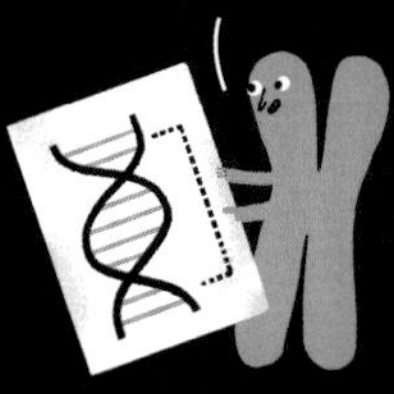

DNA 里藏着遗传的密码，它由四种不同的字母（A、G、C、T 四个碱基）构成。这个密码可以决定：我们是直发还是卷发；眼睛是绿色、蓝色，还是棕色。甚至它还会确定：我们到底长不长头发和眼睛。这到底是怎么实现的呢？难道基因上写着“绿色眼睛”，然后我们就像被施了魔法一般，得到一双绿色眼睛？基因的密码是如何通过四个字母来确定我们身体特征的呢？

乔治 · 韦尔斯 · 比德尔和爱德华 · 劳里 · 塔特姆两位美国遗传学家一直在斯坦福大学的实验室里研究这个问题。1941 年，他们终于发现，基因密码会确定细胞合成什么样的蛋白质。

蛋白质在我们的身体里扮演着非常重要的角色。为了让我们的身体能够像现在这样运转起来，身体里的每一个细胞内都在发生化学反应。从这个角度上来看，我们的身体就像是一个化工厂。而蛋白质就是化工厂里各种化学反应得以实现的关键所在（以生物酶的形式）：物质会结合在酶上面，然后变成新的物质。蛋白质其实还有很多各种各样的功能：胶原蛋白在肌腱、韧带、软骨和骨骼里都有分布，它们对细胞起到支撑作用；肌动蛋白和肌球蛋白分布在肌肉细胞里，并且使我们能够运动起来；血红蛋白是一种分布在红细胞里的蛋白质，它们可以运输氧气以保证体内所有细胞的氧气供应；抗体也是蛋白质，它们是对抗病原体的重要卫士。当蛋白质与色素结合的时候，它们就能影响我们眼睛和头发的颜色。蛋白质还可以是信使物质，细胞可以通过它们在彼此之间进行交流。这真是太重要了！我们的身体由几十万亿个细胞构成，它们各司其职，进行着不同的活动。试想一下，如果这些细胞不能沟通，将会发生什么？蛋白质在身体里所扮演的角色真的非常多样。

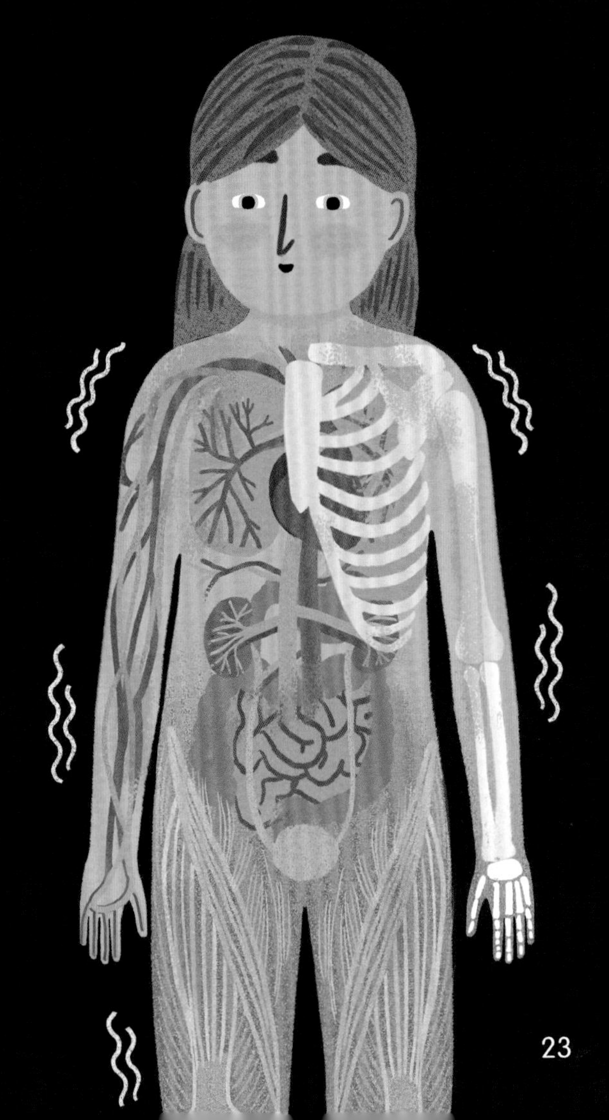

蛋白质由一个很长的长链构成，长链上有很多小组件——氨基酸。一共有 20 种不同的氨基酸可以用来合成蛋白质，它们会以多种方式连接在一起。氨基酸形成的长链会经历多次旋转、折叠、盘绕，并最终形成一个很复杂的结构。蛋白质合成的场所，是细胞里一个叫作核糖体的细胞器，核糖体可以被看作是一个个小型的蛋白质工厂。这些小工厂并不在细胞核里面，而是分布在包围着细胞核的液体中，也就是存在于细胞质中。

倘若蛋白质是在细胞质里面合成的，那 DNA 的信息是如何传递到那里的呢？核糖体们又是怎么知道它们要合成哪种蛋白质呢？

1960 年，法国遗传学家弗朗索瓦·雅各布和南非生物学家悉尼·布伦纳在剑桥做实验时发现：RNA 和 DNA 的结构非常相似，因此 RNA 可以作为 DNA 传递信息的信使来运作。根据 RNA 的这种特性，我们把它称作信使 RNA。每当需要合成一种特定蛋白质时，存有这种蛋白质信息的 DNA 片段就会被复制出一份拷贝。这份拷贝就是信使 RNA，而这个复制的过程就叫作转录。

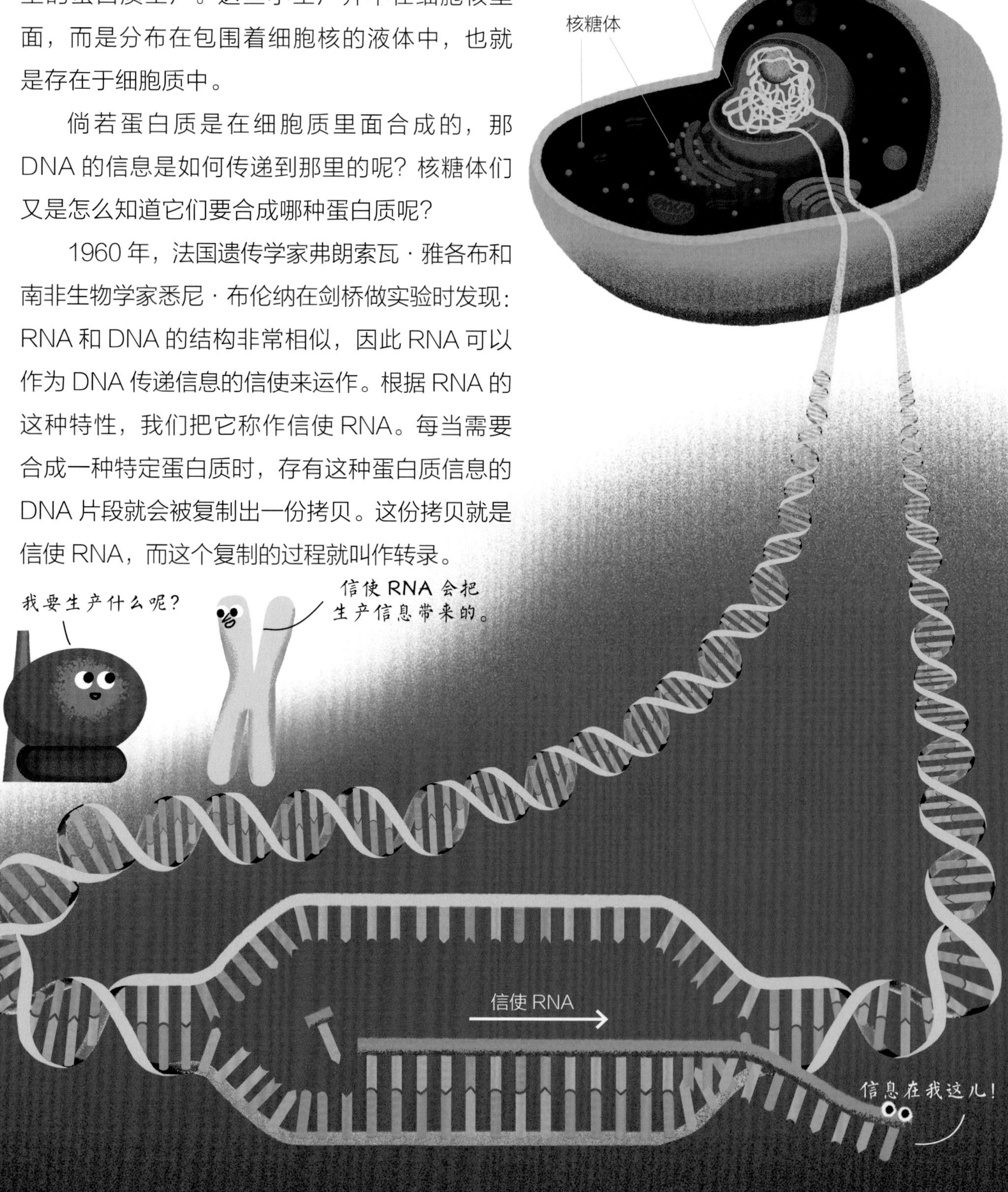

信使 RNA 被合成后，它会穿过核膜从细胞核中出来，然后漫游到细胞质中，最后到达小小的蛋白质工厂（也就是核糖体）里。

现在，我们只需要把信使 RNA 所携带的信息带入核糖体里面，并通过某种方式传递到蛋白质上。那要怎么做呢？一个推断呼之欲出，那就是 RNA 上碱基字母的顺序起到了决定作用。这个顺序确定了氨基酸的顺序，也确定了要合成哪种蛋白质。不过，一个蛋白质对应的并不是一个碱基字母。否则，20 种氨基酸就需要 20 种不同的碱基，而实际上只有 4 种碱基。人们发现，每 3 个碱基共同携带一个氨基酸的对应信息。后来，人们很快就找出了所有氨基酸所对应的 3 个碱基，并将它们排列出来。从此，生命的密码被解开了！

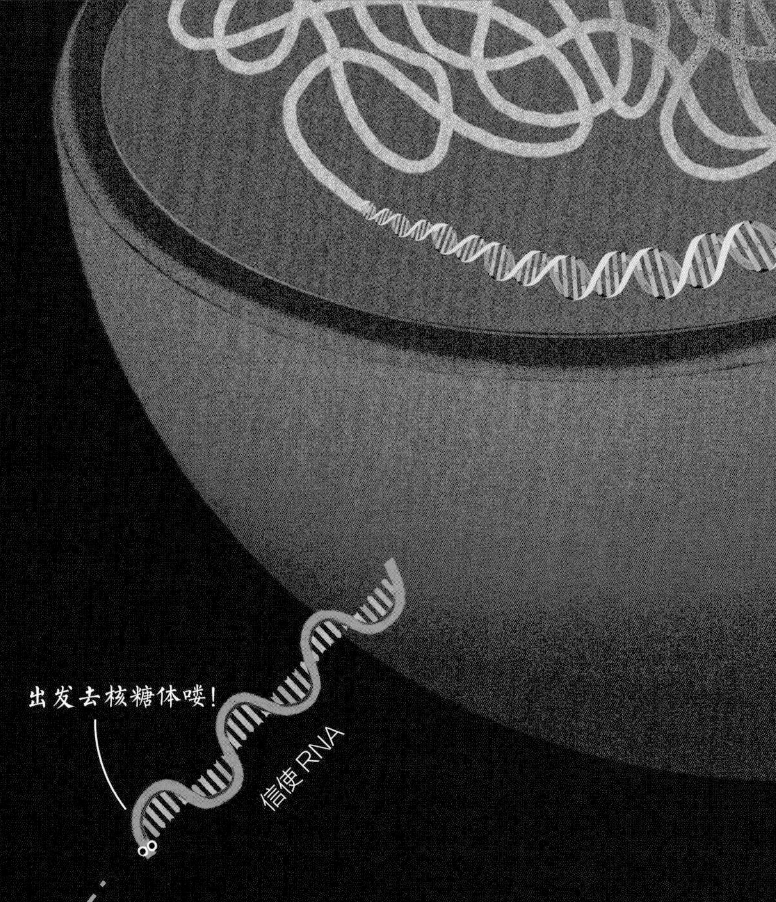

蛋白质通过信使 RNA 所携带的“密码”在蛋白质工厂里合成。每种碱基的三联组合还有一个对应的转接器（也叫转运 RNA），它的一头锚定在信使 RNA 上，另一头已经装载好了对应的氨基酸。当信使 RNA 上的信息由前向后被读取时，会有一个个氨基酸加载到氨基酸的长链上并越变越长，最后形成蛋白质。

这个蛋白质的生产过程叫作翻译。我们知道，把英语转换成中文的过程，也叫翻译。蛋白质的翻译就是把 DNA 上的碱基密码翻译成了氨基酸。

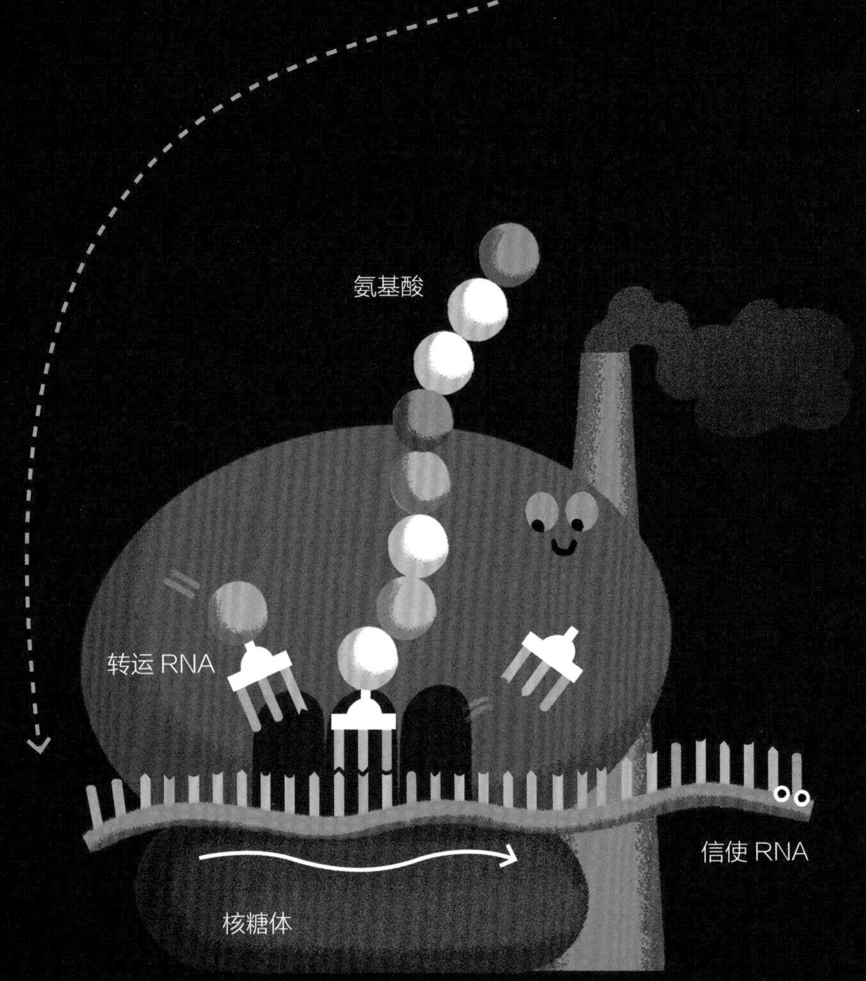

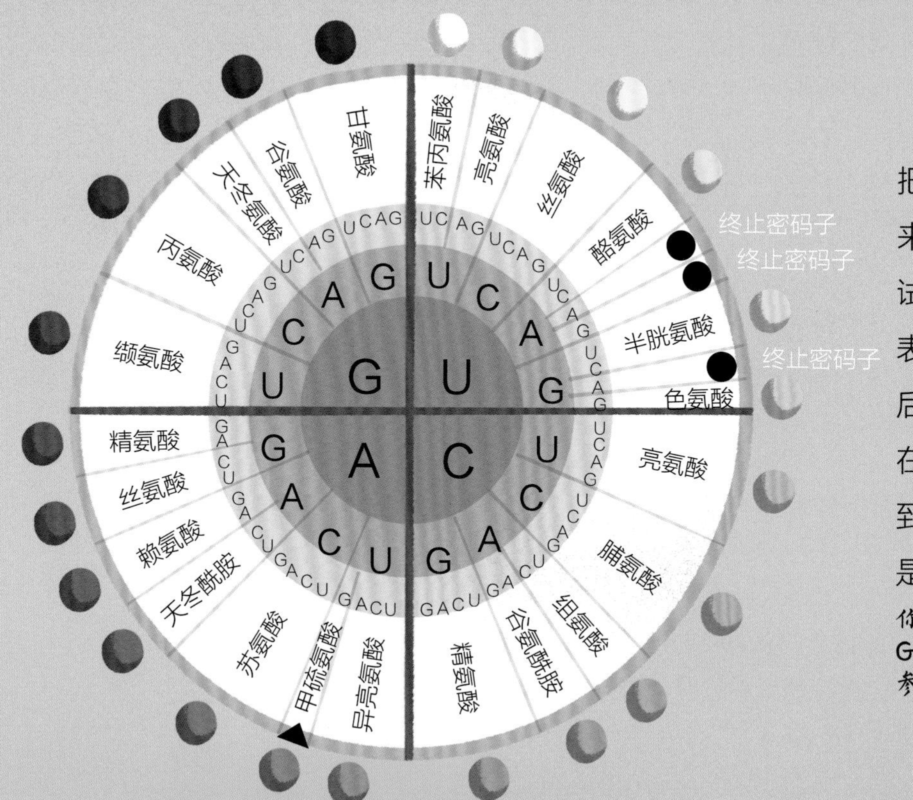

利用一个密码表盘，你就可以把信使 RNA 上的碱基密码翻译出来。每三个碱基对应一个氨基酸。试试看把密码 GCA 解密出来：从表盘中心开始，先找到字母 G；然后向外层移动，找到字母 C；最后在最外层找到字母 A。怎么样，找到了吧？GCA 这个密码子对应就是丙氨酸！

你可以试着破解下面这几个密码子：
GUC，AGC，AUG，UAG。
参考答案在 64 页。

研究人员发现，DNA 上四种碱基的顺序决定了我们的身体里面合成什么样的蛋白质，而蛋白质又决定了我们有什么样的性状。所以，DNA 就像是一张建造蓝图，它指导着一个生命要怎么构成，要怎么运作。碱基的顺序就是书写这份蓝图的语言。无论是猴子、蚂蚁、雏菊，还是人类，都用着同一套语言。各种生物的密码都是相同的，所以我们将这套密码称作生命的密码。

氨基酸是蛋白质的基本单位。在自然界中有 20 种不同的氨基酸。

蛋白质在细胞中有多种多样的功能。它们由氨基酸长链构成。

翻译是核糖体上蛋白质合成的过程。

转录是 RNA 拷贝（信使 RNA）由 DNA 片段合成而来的过程。

遗传密码是编码蛋白质合成信息的 DNA 碱基顺序。每三个碱基对应一个氨基酸。

DNA 里有个“毛线团”

如果把人类的 46 条染色体都以 DNA 链条的形式一条接一条连在一起，这根链条将会有近 2 米长。然而 DNA 在细胞中是被压缩进细胞核里面的，高等动物的细胞核一般直径为 0.005～0.01 毫米。DNA 是如何待在细胞核里的？想想看，一根几米长的毛线可以被绕成一个毛线团。DNA 在细胞里也是类似的打包法。

DNA 在细胞核里面并不能随意四处游动，而是缠绕在一个类似于线轴的蛋白质上面。这种蛋白质叫作组蛋白。它们能够保证 DNA 链条不会缠在一起，并让一切井然有序地排列在细胞核里。同时它们还控制 DNA 的哪个位置能够被复制到 RNA 中。在某些部位，DNA 极其紧密地打包在一起，因此这些 DNA 片段不是很容易被读取，所以很难被复制出来；而在另一些部位，DNA 却又非常松散地打包在一起，这样就很容易被复制出来。

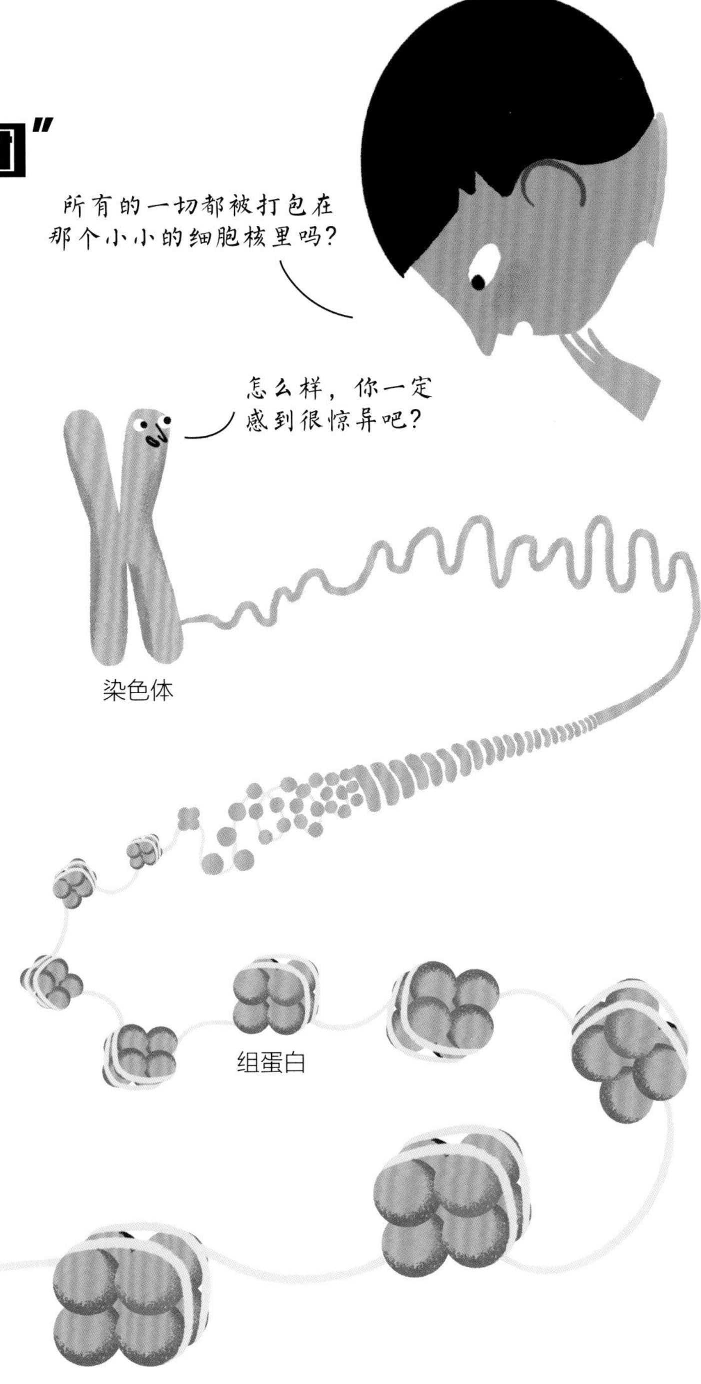

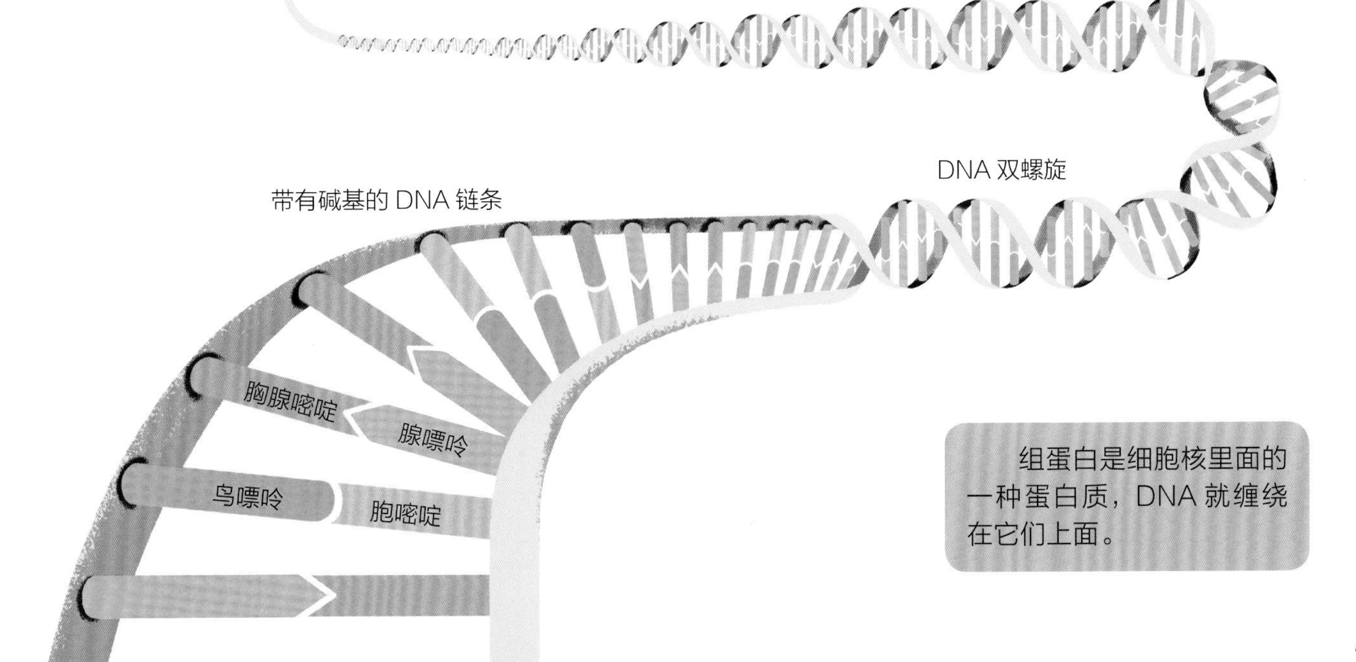

组蛋白是细胞核里面的一种蛋白质，DNA 就缠绕在它们上面。

不完美的DNA

你一定犯过错，对吧？每个人都会偶尔出错。当细胞分裂时，帮助 DNA 复制的蛋白质（DNA 聚合酶）也会偶尔犯错，它们会因为疏忽而把一个错误的碱基复制进新的 DNA 里。这种错误，每复制 1 亿次碱基大约会发生一次。一个细胞有 30 亿个碱基，也就是说复制中大概会出错 30 次。

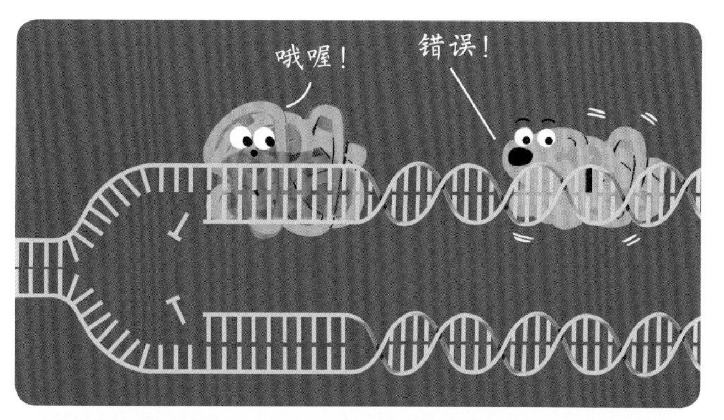

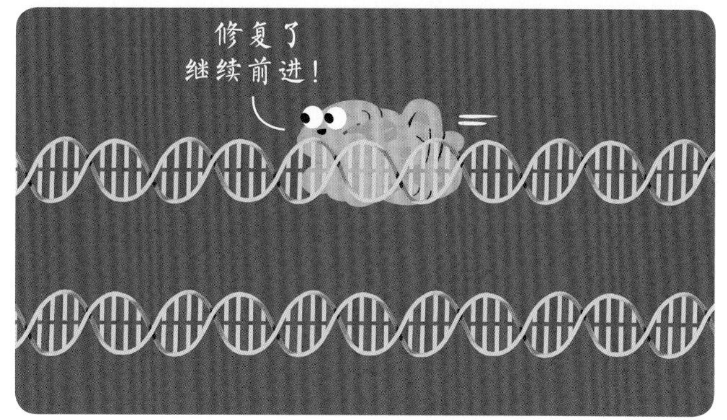

这些错误基本上都会被特定的修复蛋白识别，识别到的错误碱基会被去除，并由正确的碱基所代替。有时候错误碱基的识别与修复并不能顺利完成，这导致错误的碱基被留在这个细胞的 DNA 里。人们把这种 DNA 信息因错误碱基而发生的改变称作变异。

变异有时候没有任何影响，有时候却能引起疾病。例如癌症就是一种因 DNA 变异而引起的严重疾病。DNA 变异逐渐累积，直到某个时刻，它影响到了细胞的功能，这个被影响的细胞会不受控制地增殖下去。这样就形成了肿瘤，然后可能会扩散到全身。很不幸，每年都会有很多人死于恶性肿瘤（癌症）。

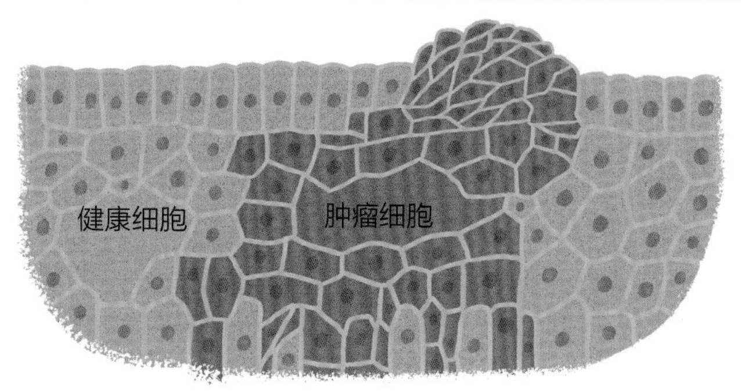

肿瘤是由不受控制的细胞生长而产生的

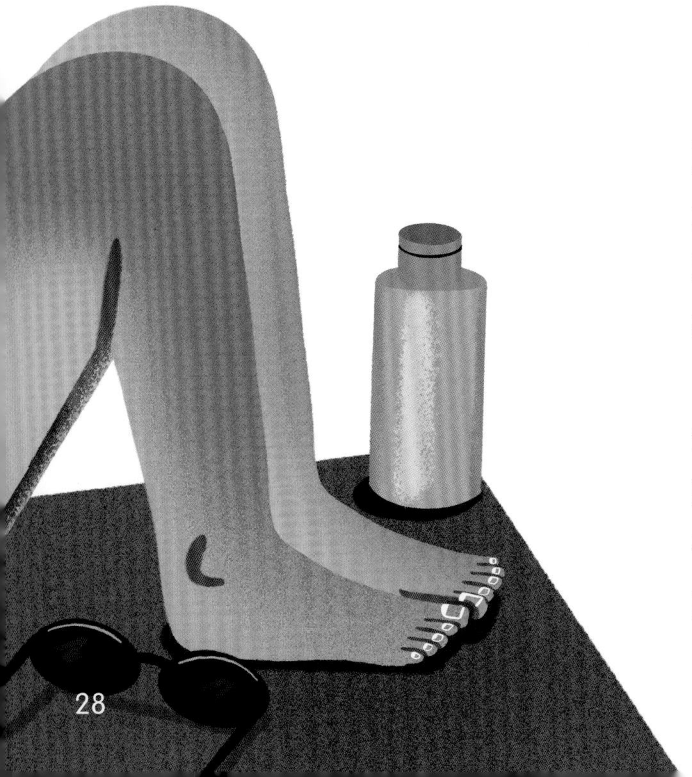

环境影响也有可能会促使癌症产生。比如太阳，阳光的温暖是好的，但是阳光中的紫外线很危险，因为紫外线会伤害皮肤上的细胞并且诱导它们发生变异，最严重的情况就是患皮肤癌。因此我们涂防晒霜来防止紫外线的伤害是一件很必要的事！

变异如果发生在体细胞中，它也只会影响到产生变异的这个生命。但是如果变异出现在生殖细胞里，那这个遗传信息的改变就会由父母遗传给他们的孩子。这个变化会由这些孩子继续遗传给他们的孩子。因此，有些变异成了遗传病的根源。

镰刀型细胞贫血症就是一种由单个碱基改变而引发的严重遗传病。得了这种病的人，DNA 里有一个位置上的腺嘌呤（A）错误地被胸腺嘧啶（T）取代了，这个错误发生在负责生产血红素的基因上。红细胞在我们体内的血管里流动，而血红素就是红细胞里面负责运输氧气的物质。由于人体内所有的细胞都需要氧气来维持生命，所以血红素对生命是一种不可或缺的重要物质。因为碱基顺序 GAG 被 GTG 所替代，使得本该对应生成的谷氨酸被缬氨酸所代替了。

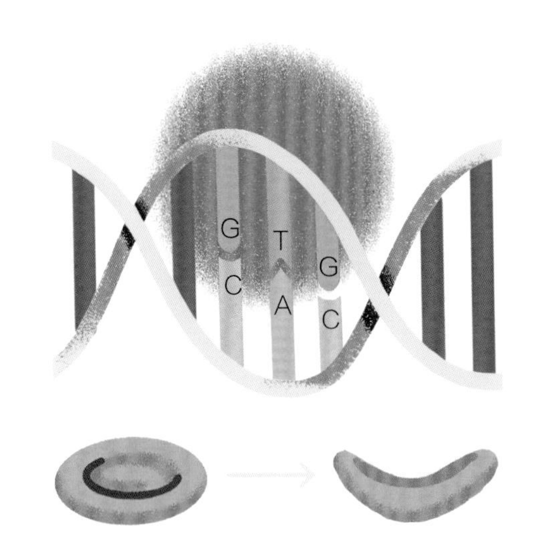

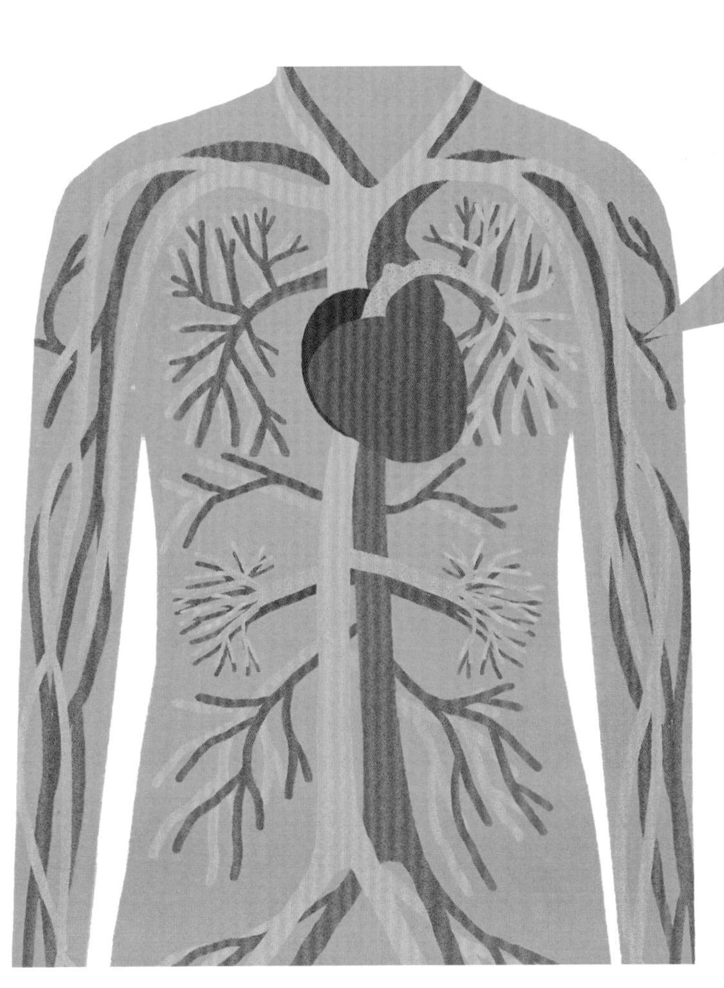

由于这个毫厘之差，血红蛋白（含有血红素）的折叠方式也随之改变，最终导致红细胞变成了半月状的镰刀形。这种镰刀形的红细胞很快就会坏掉。它们变得不易弯曲，很难通过微小的血管，还会堵塞在微血管中，阻碍血液流通。器官因此无法获得足够的供血，并且患者会感到剧烈的疼痛。除此之外，有些器官会因为缺氧而遭到损坏，久而久之会使得患者因此而失去生命。

变异是指 DNA 中碱基顺序的改变。变异会自发（不受外界因素诱导）产生，也会因化学药品或者高能射线（放射性射线、紫外线）的影响而发生。

生殖细胞的变异会遗传给后代。它们可能是导致遗传病的原因。

生物的多样性：基因变异的意外惊喜

对于变异可能导致的坏处，我们已经聊得够多了。其实变异的结果也不总是糟糕的。恰恰相反，变异被认为是我们地球上生物多样性的基础。正是因为有变异，才有了我们人类。

说到这些话题，就要提到进化论了。进化论究竟是什么呢？让我们一起穿越历史的轨迹，回到过去看看。回到孟德尔豌豆实验的那个时代？不，还要再早一点，我们来见一位名叫查尔斯·达尔文的学者。

1831~1836 年，达尔文乘坐小猎犬号探险船进行了远洋探索，他主要在南美洲一带流连辗转。旅行期间，他细致入微地观察了当地的动植物，并据此提出了生命进化论。

1859 年，达尔文出版了那本举世闻名的《物种起源》。他认为，世界上所有的生物拥有一个共同的祖先，并且都是由这个祖先逐渐发展而来的。因为 DNA 里面的变异会引发一些外观性状的变化，特定的外观变化有时会给生命的存续带来优势。如果遭遇干旱，能在缺水环境下存活的动物就有了生存优势。它们存活下来后，会把基因传递给它们的后代。如果遭遇洪涝，擅长游泳的动物会更有生存优势。诸如此类，当变异与环境条件相适应的时候，有优势的变异就会被保留下来，没有优势的那些变异个体就会消亡。那些对新环境特别适应的变异个体，会因此被筛选出来。生命就是这样一代代发展而来的。达尔文根据这些画出了一个生命发展的树形图。

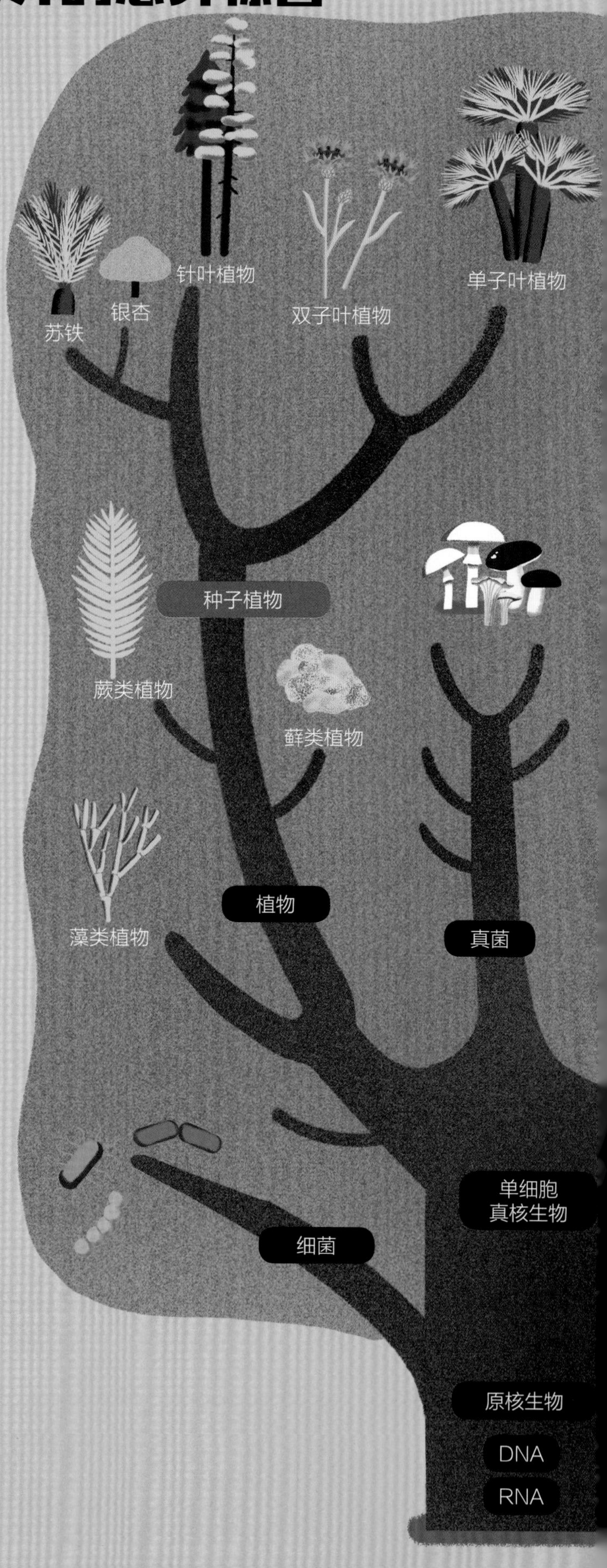

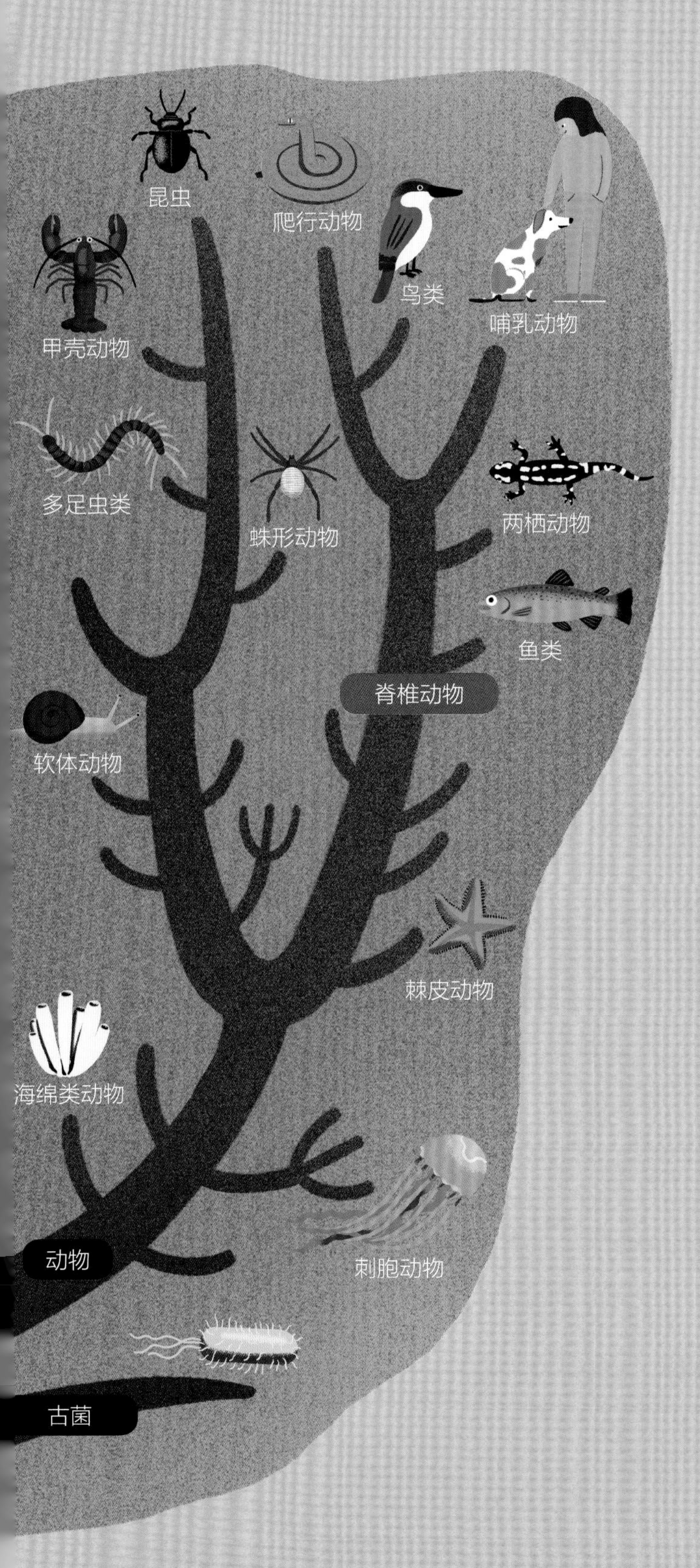

变异导致了遗传的多样性，使得生命可以适应不同的环境。相反，如缺乏多样性，会削弱生命的适应能力，进而威胁生命的生存。对于人类来说是这样的，对于其他的生命也是如此。这是自然界的一个基本法则。

让我们回顾一下镰刀型细胞贫血症，因为它是我们人类进化的一个典型案例：正如前文所说，镰刀型细胞贫血症是一种很严重的疾病。但这只是对来自父母的两条染色体上都带有这个变异的人类来说的，如果只有其中一条染色体携带了变异，携带者往往能免于患病。这种单条染色体上的变异甚至可以带来非常积极的作用，因为它可以保护人们免受另一种严重的疾病——疟疾的感染。疟疾是通过疟蚊传播的一种疾病，每年有几十万人因它而死。

比如在非洲一些疟蚊广泛分布的地方，拥有镰刀型细胞变异的人就有更大的生存优势。随着时间的推移，这种变异在这些地区也广泛传播开了，也就是说这些地区的多数人都携带了这种变异。在那些疟蚊不活跃的地区，一般情况下也没有疟疾的肆虐，这种变异就变得极其稀少了。

进化描述的正是通过 DNA 的随机改变（即变异）和自然的筛选（即自然选择）而促成物种形成的过程。

一切都已注定了吗

研究人员已经发现，人类长成什么样子的“密码”是存储在 DNA 里面的。但是，我们的行为、个性、智力、兴趣爱好、会得什么样的病、会活多久，这些也都是早就定好的吗？还是说，这些与我们的生活环境或者生活方式有关？比如，与我们住在哪儿、怎么过日子、积累了哪些经验等有关？我们的未来是被写在基因图纸上，还是掌握在自己手上呢？

1979 年，心理学家托马斯·鲍查德被当地报纸上一篇有趣的报道吸引住了。那是一篇关于一对同卵双胞胎（由同一颗受精卵发育而来的双胞胎，其 DNA 完全相同）的报道，那对双胞胎被分开，各自独立生活了 30 年才重新团聚。

这个案例之所以令人印象深刻，是因为他们的生活中有一些神奇的相似之处：他们俩都娶了名叫琳达的妻子，两个人的儿子都叫詹姆斯·阿兰。他们两个人都养了狗，并且都叫托伊。他们都是老烟民，抽同一个牌子的香烟，都讨厌棒球。两个人都喜欢木工活，还都在自家的前院围着树做了相似的长椅。这到底是惊人的巧合，还是基因的力量在暗中“操控”着一切？

为此鲍查德开始了一项研究，他找了一些跟报纸上刊登的双胞胎情况一样的双胞胎，他们在出生后就被分开，过了好多年才重新团聚。研究人员可以通过这些双胞胎来观察基因的影响力到底有多大：双胞胎有着相同的基因，但因为分开成长而被不同的环境影响着。如果通过身体和心理双重测试，得出双胞胎间的相似之处不是因为环境而导致的，那么就一定是因为 DNA 了。此外，他还将这个研究结果与一些生活在相同环境的同卵双胞胎进行了对比。

鲍查德和他的团队对 100 多对双胞胎进行了研究，结果令人惊讶：他们不仅在身体特征上是相似的，从智力测试、性格测试，到行为偏好、行为方式，再到脾气秉性，被分开的双胞胎都存在着大量的相似之处。这些相似之处常常是一些不起眼的小特点：比如同样引人注意的笑声，同样不同寻常的低沉声线，同样少见的幽默感，同样的坐姿，对相同音乐或书籍的喜爱，还有同样夸张的穿着风格等。甚至有些案例还出现了对相同事物的恐惧，做相似的噩梦。很显然，基因对这些特征有很大的影响。鲍查德和他的团队发现，有大约一半的个性和行为特征是通过基因来控制的，另一半则是通过环境影响的。智商的相似程度甚至是更高的，并且基因对智商的影响也可能更大。于是，研究者们开始寻找那些负责我们性格和行为方式的基因。

研究者们发现人们探求新奇的行为和想要冒险的行为，与一种独特的变体 DRD-4（多巴胺受体 D4）十分相关。这种变体也因此常被称作冒险家基因或旅行基因。当然并不是所有人都会表现出这种基因所代表的性格特征，甚至有些人完全不探求新奇或是乐于冒险。

并不是只有一种基因让人们好奇或者焦虑。对于这些复杂的性格特点来说，不可能只有一种基因负责它们，而是需要很多不同的基因一起配合。除此之外，环境也会影响性格，它和基因共同塑造性格。同样的道理对于疾病来说也是适用的，比如高血压、糖尿病和癌症，它们也是由很多基因与环境共同影响，并决定这个人到底会不会得这种病。

个性和行为方式大约有一半是由基因控制的，另外一半则是由环境控制的。

对于复杂的性状，会由很多基因共同作用而协同决定。

如何确定我们是一家人

显然，基因能够影响我们成为什么样的人。我们从父母那里遗传基因：一半来自父亲，另一半来自母亲。那么我们会从祖父母那里遗传多少基因呢？和我们的兄弟姐妹又有多少相同的基因？和我们的叔伯、姨母呢？看看下面这些图吧！

同卵双胞胎

100% 相同基因

兄弟姐妹或者异卵双胞胎

50% 相同基因

与姑姑、姨母

25% 相同基因

与父母

50% 相同基因

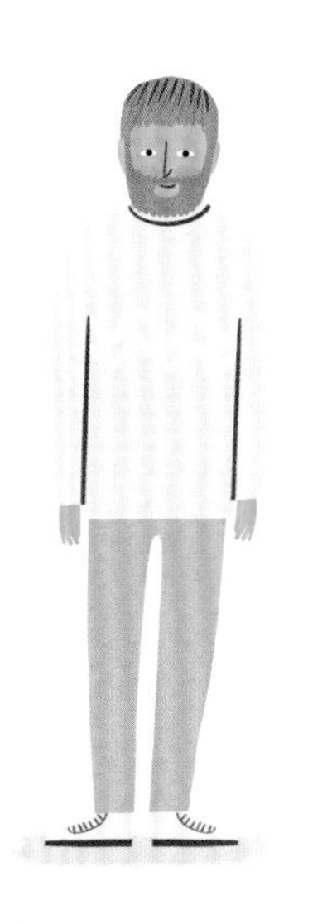

与叔伯、舅舅

25% 相同基因

与表兄弟姐妹、堂兄弟姐妹

12.5% 相同基因

与祖父母、外祖父母

25% 相同基因

与同父异母或同母异父的兄弟姐妹

25% 相同基因

与领养关系的父母、领养关系的兄弟姐妹

0% 相同基因

基因测序：寻找人类的生命蓝图

早在 1977 年，美国科学家沃特 · 吉尔伯特和英国生物化学家弗雷德里克 · 桑格就各自独立发明了测定 DNA 上碱基顺序的技术。人们将这种对碱基顺序的读取称为测序。起初研究人员只是读取一段单个的、很短的 DNA 片段。不知从何时起，他们就开始想，如果能把人体的建造蓝图（也就是 DNA 上所有的碱基顺序）都测绘出来会怎么样？

当时，这是一个很有诱惑力的想法。因为 DNA 里存有我们人类所有的信息。我们的长相、行为、思想，为什么会变老，为什么会生病……这一切都能在我们的 DNA 中找到关联吗？

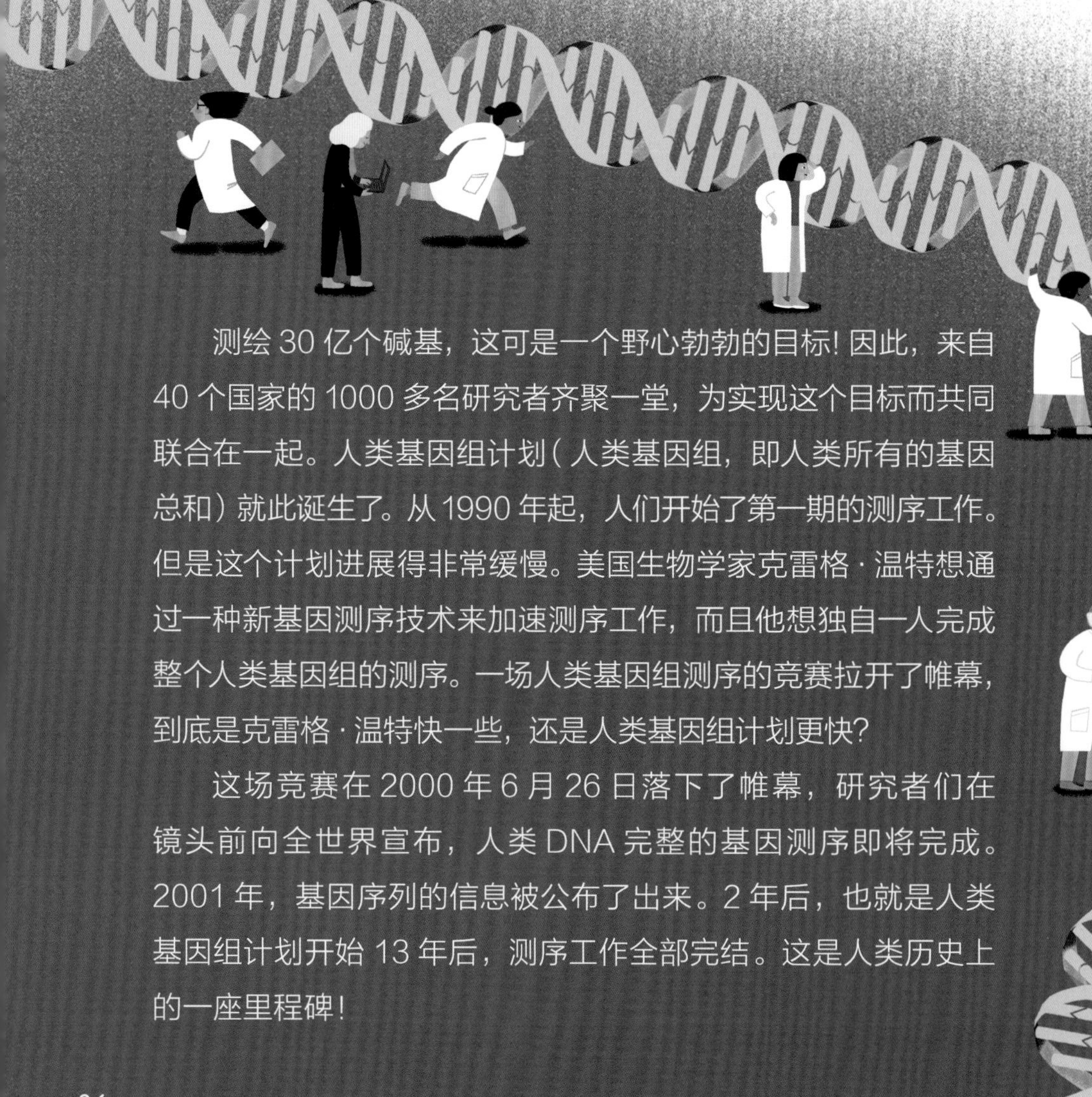

测绘 30 亿个碱基，这可是一个野心勃勃的目标！因此，来自 40 个国家的 1000 多名研究者齐聚一堂，为实现这个目标而共同联合在一起。人类基因组计划（人类基因组，即人类所有的基因总和）就此诞生了。从 1990 年起，人们开始了第一期的测序工作。但是这个计划进展得非常缓慢。美国生物学家克雷格 · 温特想通过一种新基因测序技术来加速测序工作，而且他想独自一人完成整个人类基因组的测序。一场人类基因组测序的竞赛拉开了帷幕，到底是克雷格 · 温特快一些，还是人类基因组计划更快？

这场竞赛在 2000 年 6 月 26 日落下了帷幕，研究者们在镜头前向全世界宣布，人类 DNA 完整的基因测序即将完成。2001 年，基因序列的信息被公布了出来。2 年后，也就是人类基因组计划开始 13 年后，测序工作全部完结。这是人类历史上的一座里程碑！

关于人类基因的秘密终于解开了吗？事实上，结果再一次让人大跌眼镜：我们只有 2 万 ~ 2.5 万种基因。这个数字可比一只飞虫或一只蠕虫多不了多少。这到底又是怎么回事呢？人类明明有更复杂的结构啊！我们不是有更高的智力和能力吗？这些基因是怎么把有关人类的信息全部装载进去的？还有，DNA 只有很小的一部分（大约 1%）是由基因构成的，剩余的没有用来制造蛋白质的那些部分是做什么的呢？有些研究人员就把这种 DNA 称作垃圾 DNA。绝大部分的 DNA，也就是 99% 的 DNA 竟然都只是数据垃圾？

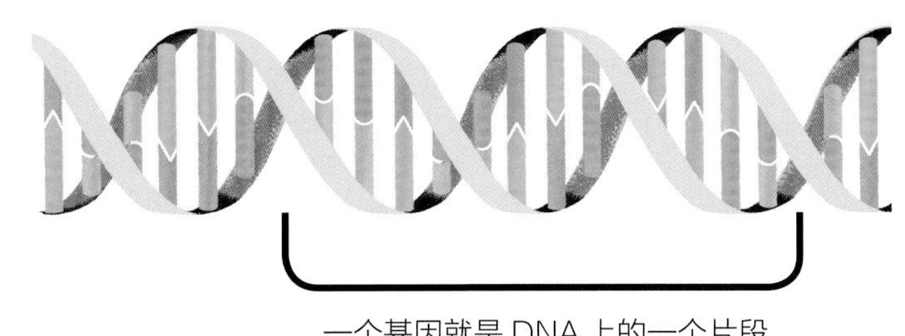
一个基因就是 DNA 上的一个片段

人们很快就想明白了，虽然通过测序得到了海量的信息数据，但是这比人们原本预期的要复杂。因此，科学家们虽然现在可以读取单独的碱基了，但仍然无法理解那些由碱基拼出的“单词”或“句子”的含义。

于是，人类基因组计划刚一结束，DNA 元件百科全书计划（ENCODE）就接踵而来。这个新计划的目标是，研究出人类每种基因的功能，以及不同基因的共同作用。

研究人员发现，那些被误认为是“垃圾”的大量DNA其实是用来制造RNA的。你已经认识了信使RNA和转运RNA。不过这里说的RNA是新的RNA种类，它们控制着可以从哪个基因上制造出蛋白质，在哪些基因上不能。显然，决定生命复杂程度的不仅有基因的数量，还有基因的活跃程度。

研究人员还发现：在DNA缠绕着的圆球组蛋白上偶尔会有一些小坠物。有的地方多一些，有的地方少一些。很快，研究人员就意识到这些坠物发挥着多大的作用了。

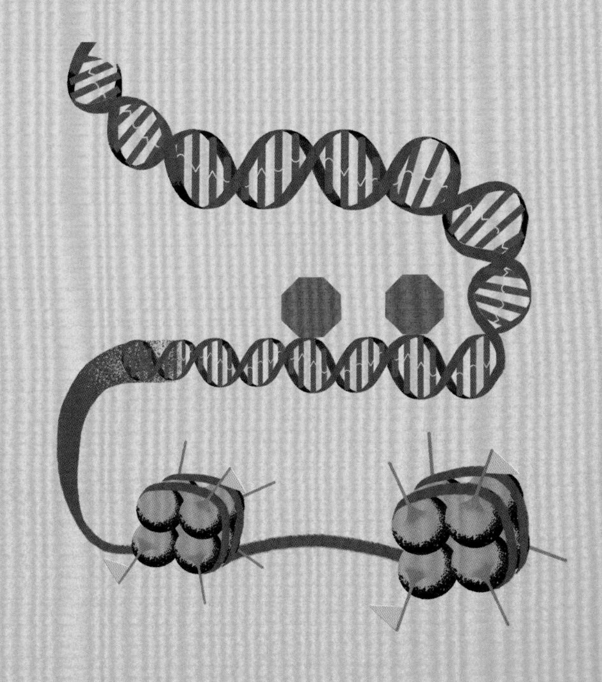

或许你一直都在疑惑：为什么我们体内的所有细胞都可以有一样的DNA，但是不同种类的细胞却有着完全不同的外观和功能？比如皮肤细胞，它们是怎么知道自己是皮肤细胞，并且只合成与皮肤细胞相关的蛋白质的？明白这一点对于它们来说可太重要了。因为如果皮肤细胞突然开始制造肌肉细胞里的蛋白质，那就要天下大乱了。那些坠物的作用就在此体现出来了。它们会标记出哪些基因要保持活跃，哪些要保持沉默。也就是说，哪些基因可以制造出蛋白质，哪些不可以。它们在细胞分裂时也要保持在那里，如此一来，子细胞中就会在同样位置有一样的坠物了。这样就保证了皮肤细胞还是皮肤细胞，一个皮肤细胞也只会分裂出更多的皮肤细胞。这些坠物始终在提示着每一个细胞的工作任务，它们就像是细胞的记忆。

研究人员还发现了一些关于坠物的细节：环境对于坠物在什么地方生成和生成多少，有着很大的影响。此外，它们还能被去除掉。这样一来，无论环境怎么改变，细胞总能灵活地做出反应。我们的营养摄入，我们的经历，我们是在家待着舒服还是在学校更开心，我们是做运动还是做音乐……所有这些都影响着我们，并会在我们体内留下痕迹，只是我们长久以来并不知道这是如何实现的。现在，我们终于开始一点点理解环境是如何影响我们的，以及环境是如何从外部操控基因的。我们总算找到了体内基因和外界环境的那个“链接”。研究人员发现了一个全新的信息领域和它的复杂性。因为这些信息是在碱基序列的外表面发生的，所以人们也把它叫作表观遗传学。

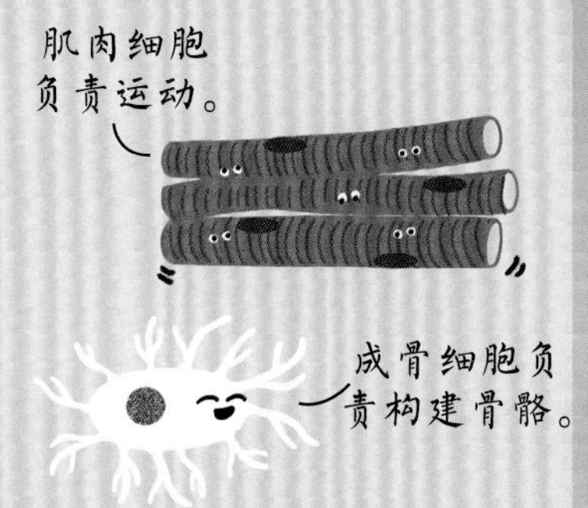

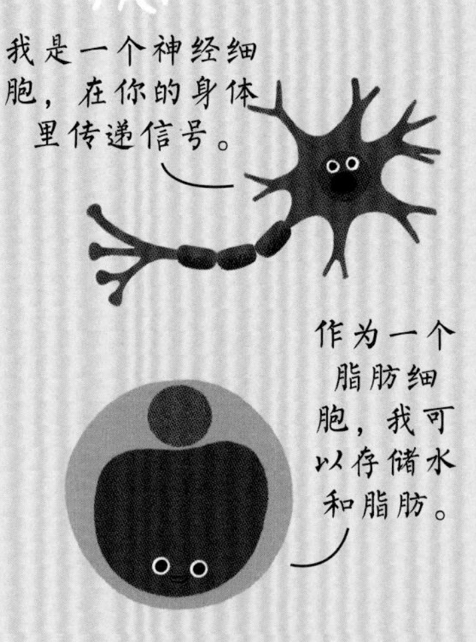

身体里不同的细胞虽然在细胞核里都有相同的DNA，但是它们有不同的分工

那么表观遗传标记对生物会产生什么样的影响？我们用蜜蜂来举例说明。你一定知道蜜蜂共同生活在一个巨大的王国里。王国里有一个蜂后，它总是待在蜂巢里，任务就是产卵，从而保证一直有新的小蜜蜂能孵化出来。还有工蜂，这些雌性蜜蜂在王国里有很多不同的任务，有的负责蜂巢的防御，有的负责照顾蜂卵和幼虫，还有的负责采集花粉和花蜜。但是它们唯独不会产卵。这两种雌蜂很容易被分辨出来，因为蜂后要比工蜂大很多。这种区别是怎么形成的呢？为什么有的蜂卵会变成蜂后，而有的会变成工蜂？这并不是它们 DNA 里的碱基顺序使然，因为这些顺序是完全相同的。

那是什么原因呢？研究人员进一步观察 DNA 上的标记时，发现蜂后和工蜂有上百个不同的基因标记。这是为什么呢？原来，蜂后在发育的过程中吃的是蜂王浆，而工蜂在某个时间点开始就换成了别的食物了。食物的区别导致了 DNA 上标记的不同，从而确定了一只蜜蜂幼虫是发育成蜂后还是工蜂。

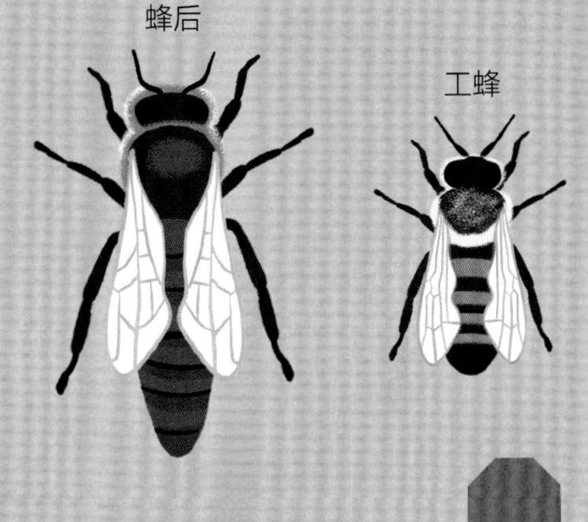

人类基因组计划是一个世界范围的研究计划，它旨在将人类所有的基因测序。它于 1990 年正式启动，并在 2003 年完成。

表观遗传水平上的改变是染色体上的一种改变，这种改变会影响基因的活动，但是不会改变 DNA 上的碱基顺序。这种改变会受到环境的强烈影响。

DNA 元件百科全书计划的目标是确认人类所有基因的功能。它开始于 2003 年。

DNA 测序就是将 DNA 上碱基的排列顺序检测出来。

基因组就是一个生物体内所有基因的总和。

1% 的差异：人类与黑猩猩的基因对比

很快，不同动物的遗传信息都被弄清楚了。研究人员开始对比不同生物的遗传信息。有些信息，在所有的生物里都是完全相同的。研究人员认为，这部分的信息应该是负责保障所有生物存活的。

通过观察和研究遗传信息中那些不同的部分，我们可以了解它们会产生什么样的影响。比如人类有一段特定的遗传信息与另外一个生物完全不同的话，那这段信息一定是针对人类的特有性状。

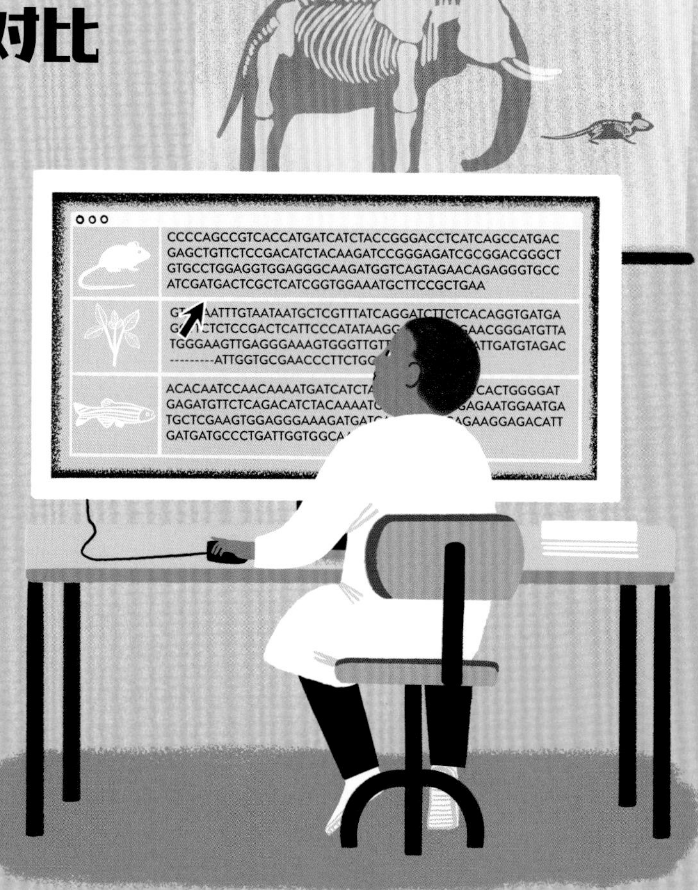

人类和黑猩猩的对比是最吸引人的，因为二者的亲缘关系非常接近。黑猩猩大约 99% 的 DNA 都和人类完全相同。二者基因的区别只有大约 1%。30 亿个碱基里面只有 3000 万个是不同的。

在几百万年前，人类是如何在进化的道路上和黑猩猩分道扬镳的？人类进化为直立行走，大部分皮毛都退化掉了。人类大脑变大了，并且学会了说话。在那 3000 万个碱基差别里一定有针对这些区别的基因存在。对于语言的发展，研究人员已经找到了一个有趣的基因：FOXP2，人们也把它叫作控制语言能力发展的基因。这种基因在人类和黑猩猩身上有所区别。科学家认为，这个基因的改变在人类语言发展的过程中扮演了重要的角色。

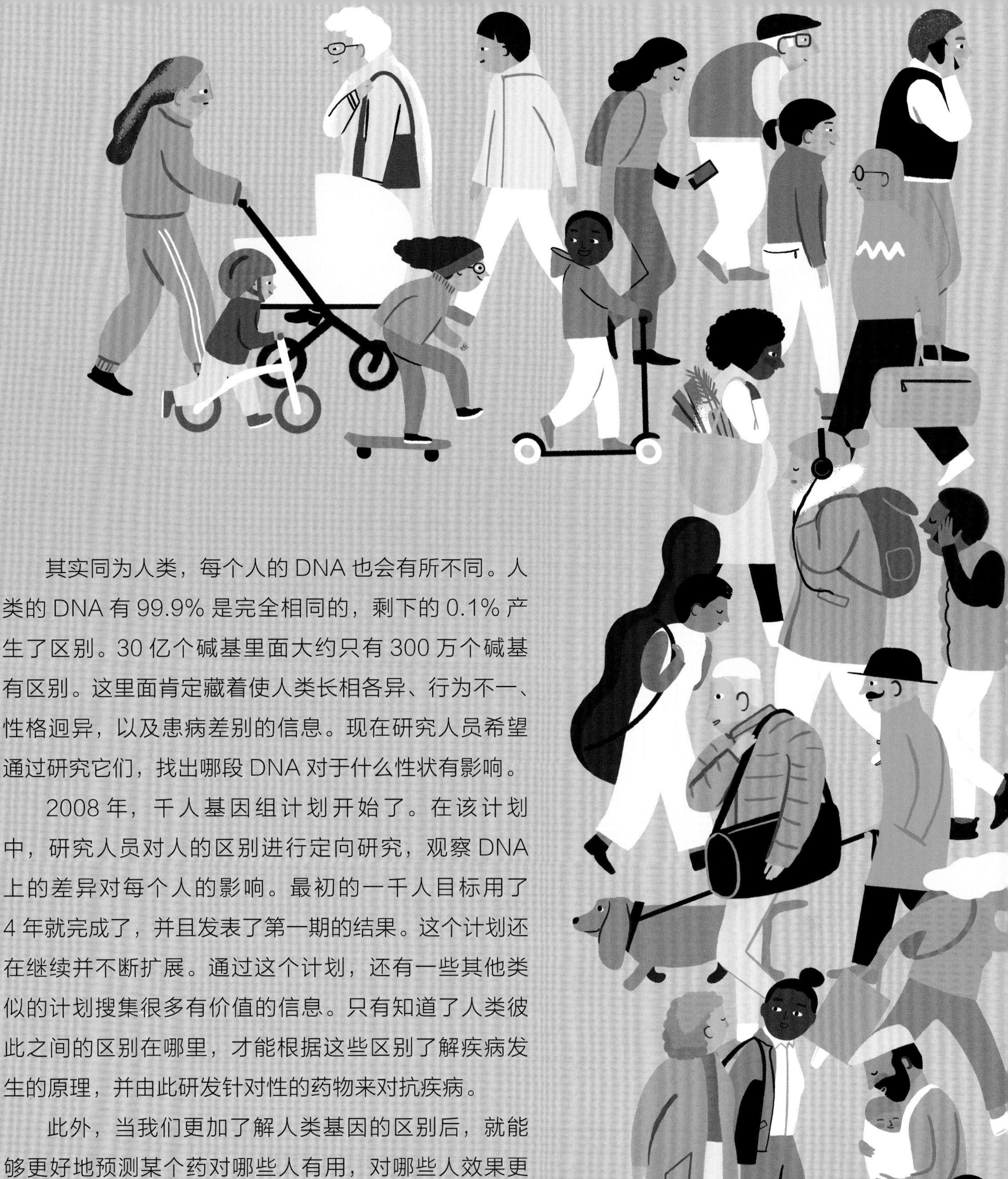

其实同为人类，每个人的 DNA 也会有所不同。人类的 DNA 有 99.9% 是完全相同的，剩下的 0.1% 产生了区别。30 亿个碱基里面大约只有 300 万个碱基有区别。这里面肯定藏着使人类长相各异、行为不一、性格迥异，以及患病差别的信息。现在研究人员希望通过研究它们，找出哪段 DNA 对于什么性状有影响。

2008 年，千人基因组计划开始了。在该计划中，研究人员对人的区别进行定向研究，观察 DNA 上的差异对每个人的影响。最初的一千人目标用了 4 年就完成了，并且发表了第一期的结果。这个计划还在继续并不断扩展。通过这个计划，还有一些其他类似的计划搜集很多有价值的信息。只有知道了人类彼此之间的区别在哪里，才能根据这些区别了解疾病发生的原理，并由此研发针对性的药物来对抗疾病。

此外，当我们更加了解人类基因的区别后，就能够更好地预测某个药对哪些人有用，对哪些人效果更好。这样就能给每个人对症下药，避免无效甚至不必要的医疗。医生们甚至能够给每个病人制定出一套个性化的治疗方案，比如癌症病人。人们把这种根据个人情况进行治疗处置的原则称为个性化医疗。

基因可以被修改吗

现在，你已经知道了研究人员是怎么发现基因及遗传密码的，以及他们是如何读取密码的。那么基因能修改吗？

让我们再一次穿越历史，回到 1970 年。当时，研究人员刚刚解开了遗传密码，并了解到遗传图谱是怎么书写的。虽然研究人员尚不能理解所有信息，但至少认识了那些碱基字母，并知道这些碱基字母是如何构成“单词”和“句子”的。

没过多久，研究人员又提出了一个大疑问：如果改写 DNA 上的“句子”，将会发生什么？他们知道，修改遗传图谱将会是基因研究中意义非凡的一大步，并且基因一旦被修改，将很难回到原来的状态。尽管如此，强烈的好奇心仍驱使他们继续探索。

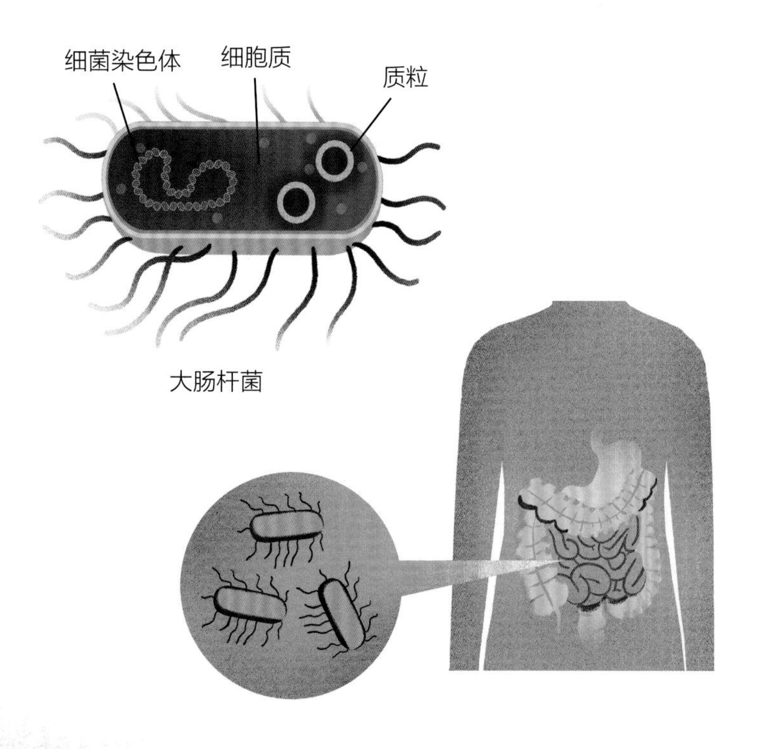

研究人员修改 DNA 所需要的工具竟然在细菌里找到了。细菌是一种微小的生物，常常仅由一个细胞构成。它们小到用肉眼根本看不到，只有在显微镜下才能发现它们的踪迹。它们无处不在——空气中、地面上、皮肤上，甚至你的体内。有些细菌会引起疾病，但很多都是无害的，有些甚至很有用，比如大肠杆菌，它们会帮助你消化。

经过长期的研究，研究人员在这些细菌身上发现了一些有趣的东西。

质粒：它们是细菌体内一种小型的环状 DNA，独立于普通的染色体之外。相对于染色体来说，质粒更短，可以让人一览无余。它们中有一些可以用于修改 DNA。

限制性内切核酸酶：它们像剪刀一样，可以在特定的 DNA 位置上将 DNA 分开。

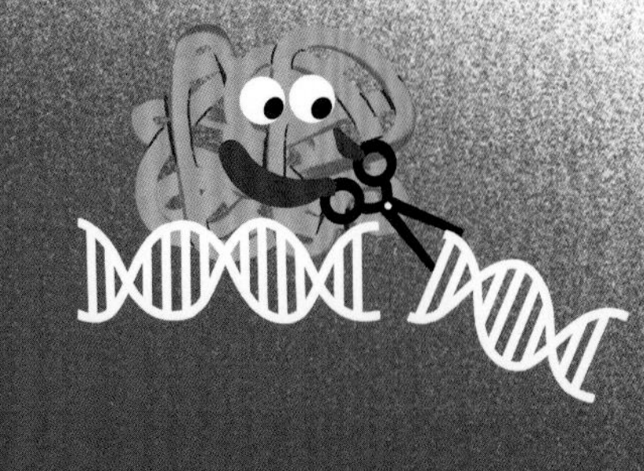

DNA 连接酶：它们将 DNA 的片段重新组合在一起。

1970 年，人们做了历史上第一个 DNA 修改实验。在这个实验里，一段 DNA 被重新与另一段 DNA 相接在一起。在 1972 年，人们首次将两个细菌的 DNA 拼合在了一起。

实验过程如下：

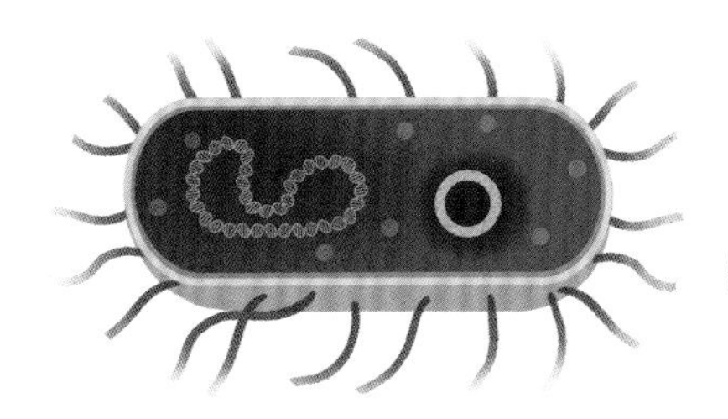

1

首先将两个细菌中的质粒取出。

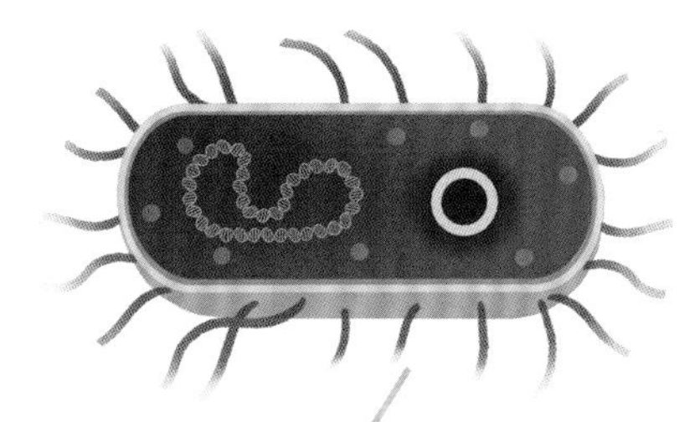

2

然后限制性内切核酸酶过来发挥作用，将两个质粒分别切下来一段。

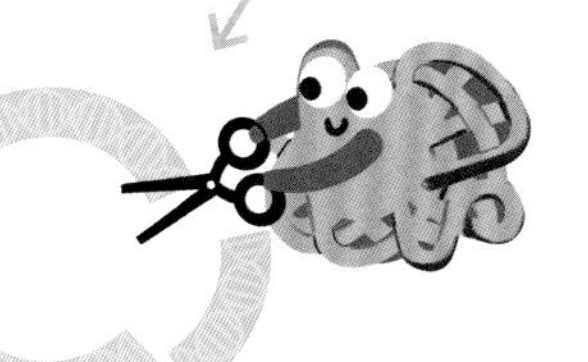

3

将其中一个质粒的 DNA 片段用 DNA 连接酶粘到另一个质粒被切掉的位置上，得到的就是“重组的”DNA。

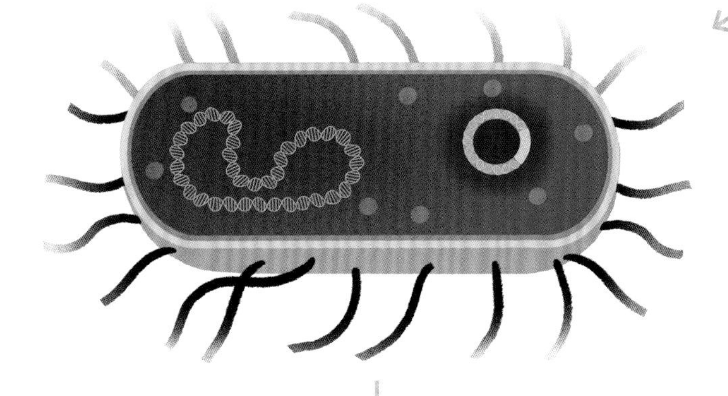

4

这个重组的 DNA 被重新放回到细菌细胞里。如此一番操作后，一段陌生的基因便被偷运到了这个细胞里。

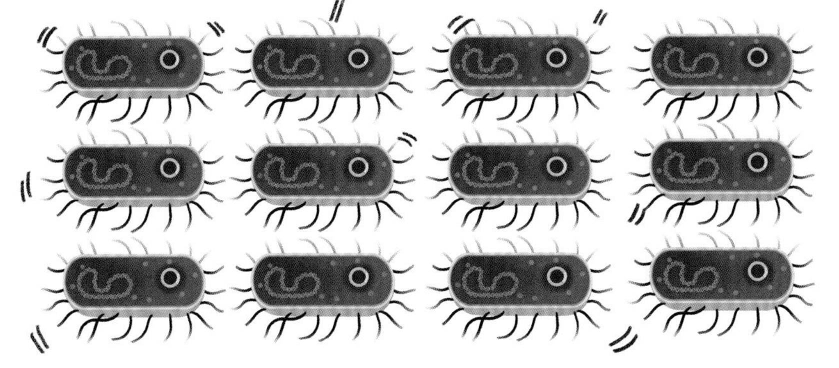

5

从现在起，当这个细胞增殖时，携带陌生基因的质粒也被复制了。

这些细菌就像是一个小型工厂，批量生产着那段陌生的基因。

这就是基因技术的开始！

病患的福音：基因重组药品

现在，基因可以被随心所欲地重组和修改了。因为所有生物的 DNA 密码都是相同的，所以不同生物之间可以交换基因了。人类的基因也可以被偷偷运进细菌里进行增殖了。如果这个基因携带有产生特定蛋白质的信息，那么随着这个细菌的繁殖，这种特定蛋白质就可以被大量生产了。然后，这些蛋白质可以被提取出来并制成药物。

1982 年，通过该方法生产的第一种药物问世了，它就是胰岛素。胰岛素这种蛋白质对于控制人体内糖分含量发挥着重要作用。大部分糖尿病患者缺少这种蛋白质，他们常常要通过皮下注射的方式，将胰岛素从外部补充到体内。最初人们还需要大费周章，从猪和牛的身上提取胰岛素，现在人们可以利用细菌来生产它了。这种人类特有的胰岛素更有效，更易于被人体吸收，并且可以在细菌的帮助下快速批量生产。

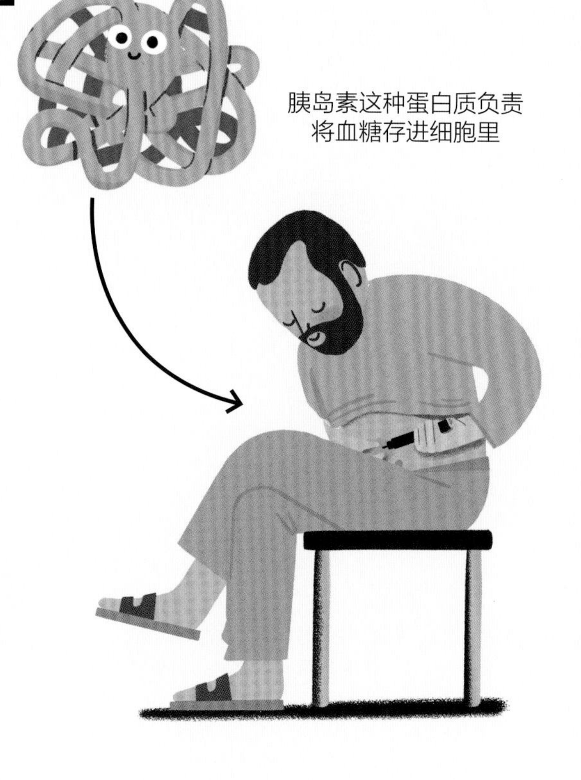

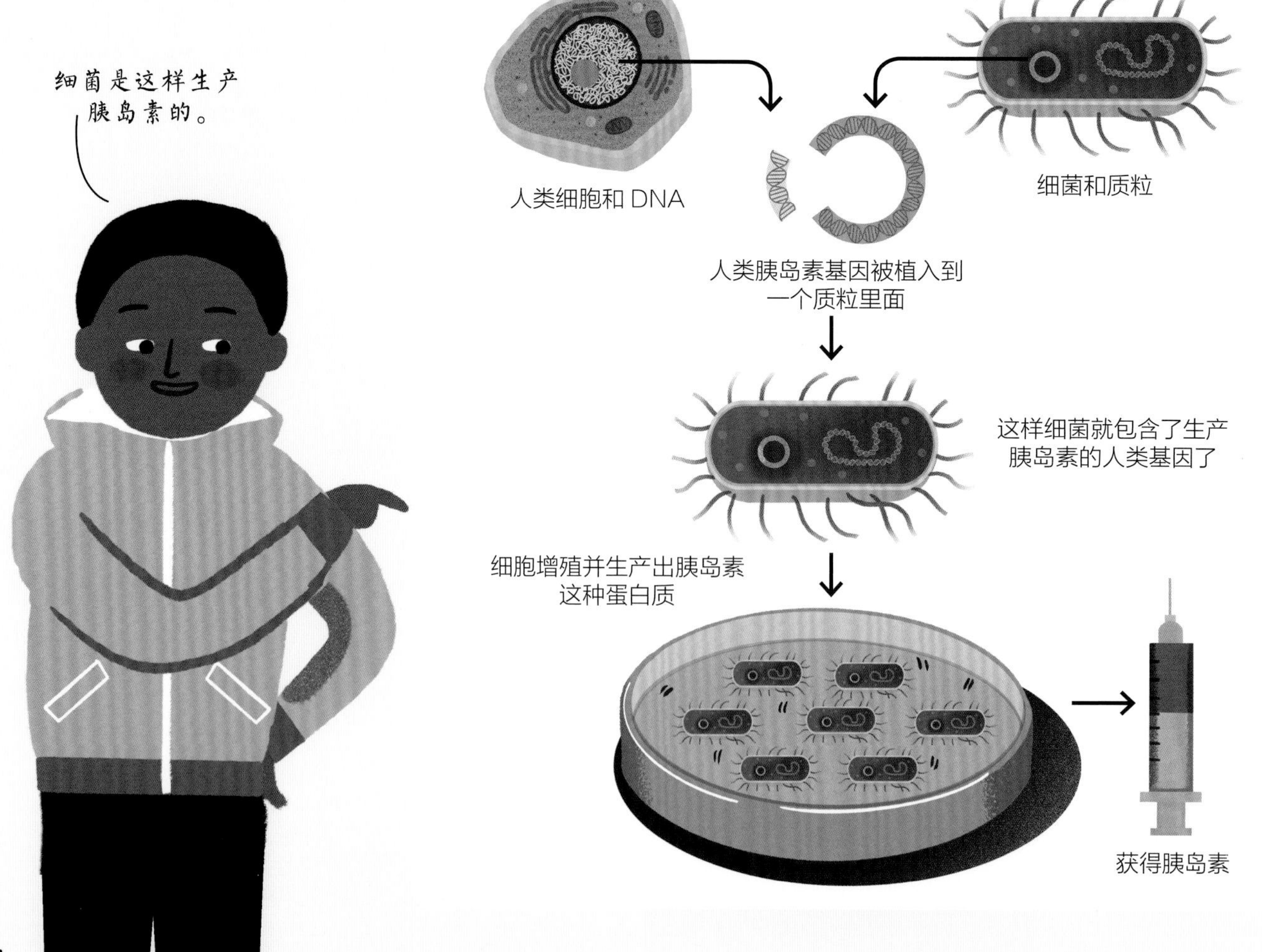

同时，人类的基因也会被注入绵羊、山羊、奶牛或者鸡的体内，用来制造某些药物。它们生产出来的蛋白质会直接存在于这些转基因动物的奶（或者蛋）中。

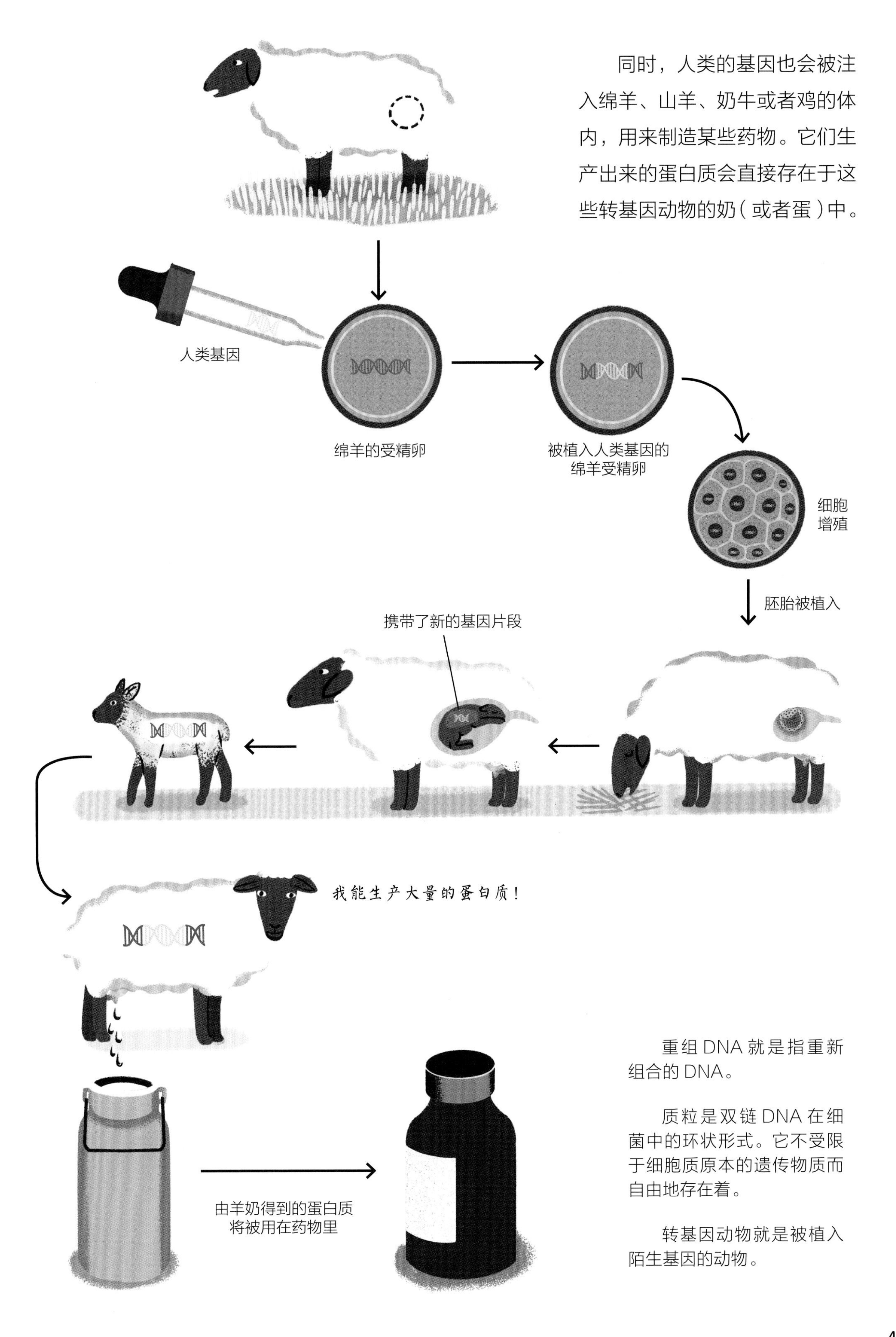

重组 DNA 就是指重新组合的 DNA。

质粒是双链 DNA 在细菌中的环状形式。它不受限于细胞质原本的遗传物质而自由地存在着。

转基因动物就是被植入陌生基因的动物。

有错就改：DNA 修复与基因治疗

随着研究人员对人类疾病及其成因的深入了解，想要通过基因治疗这些疾病的愿望就变得更加强烈。多数情况下，我们很清楚遗传病中 DNA 的错误出在哪里。那是不是就能插手其中，去“修复”这些 DNA 的错误呢？于是，就有了基因治疗。它的底层逻辑是，将一个健康的基因植入到 DNA 中，使其能够代替有缺陷的基因。

如何将健康的基因植入到细胞里？这个过程通常会用到病毒。你一定非常熟悉一个病毒：新冠病毒。其实还有很多不同种类的病毒，它们可能会引起不同的疾病。病毒由遗传物质（RNA 或 DNA）和一个衣壳构成，它们十分微小，甚至比细菌还小。病毒为了增殖，需要进入人体的细胞里并且让细胞为它们工作。这样，细胞很快就会替病毒生产出其所需的蛋白质，从而生成新的病毒。

研究人员在基因治疗中将病毒作为一种“基因的士”来使用。他们将病毒中的致病基因去除掉并把想要植入的基因放在病毒上，让它们带进细胞内。当病毒进入细胞后，想要植入的基因也就一同进入了细胞里。

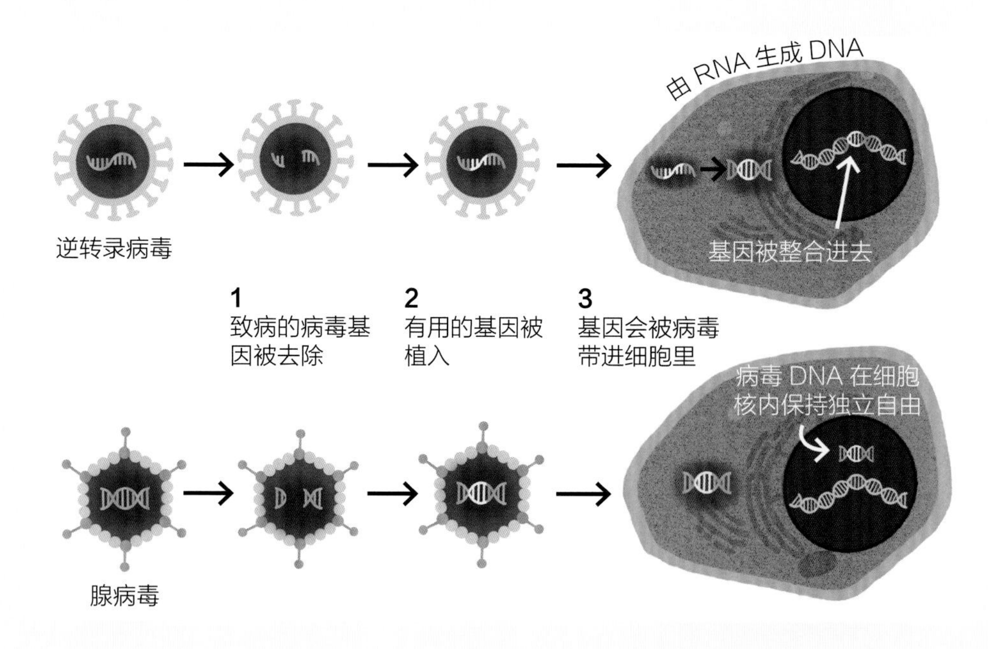

首次基因治疗在 1990 年实施，对象是一个 4 岁的小女孩。她患有一种非常罕见的遗传病，这种遗传病来源于她体内 ADA 基因的一处损坏，从而严重影响了她的免疫系统，以至于任何小感染，哪怕是感冒，都会威胁到她的生命。针对她的基因治疗是取一些她的血液，然后通过病毒将健康的 ADA 基因植入到白细胞里面，最后再将这些修改后的白细胞重新注射回她体内。

这次手术取得了成功，之后涌现出了很多类似的研究，其中一些大获成功。当时，首批基因治疗的效果良好，但也有一些病例复发了。为什么呢？

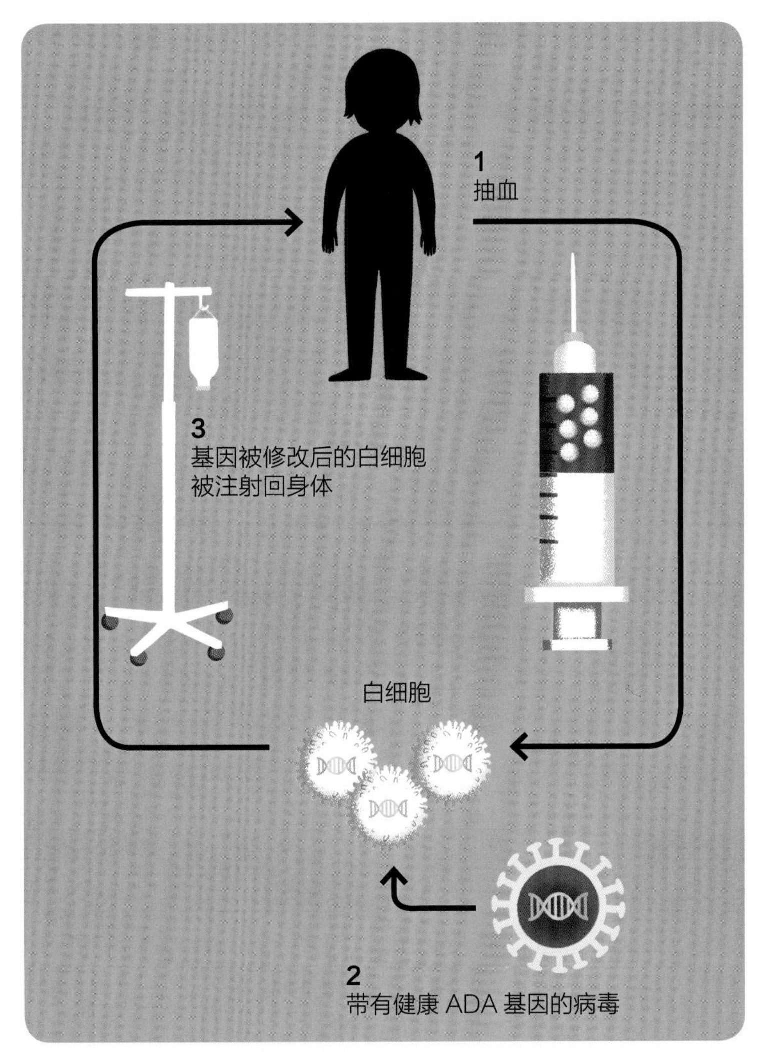

一个底层问题就出在那些“基因的士”——病毒身上。那些逆转录病毒又称反转录病毒，是一类 RNA 病毒，它们会直接把健康的基因植入到细胞的 DNA 里，那些植入的基因不会再失去了，有效作用是长期的。但这也带来了危险，人类还无法控制这个基因被植入到 DNA 的哪个位置上，因此，基因有可能会嵌入到无法发挥效用的地方；还有可能会嵌入到另外一个重要基因的中间，进而摧毁那个细胞；还有一种可能，这个基因会突然激活另外一个基因并导致癌症。而对于那些腺病毒来说有一个先天劣势，它们不会把基因植入到细胞的 DNA 里，那些基因可能会随着时间的流逝而消失，所以作用有限。有时候，病毒还会被身体里面的“警察”当成威胁，被杀死或者摧毁。这样基因治疗就不能发挥作用了。而且，如果身体内的“警察”和病毒的对抗太过激烈的话，也会加重患者的病情。

基因治疗是将一个健康的基因植入细胞里，从而用健康的基因代替有缺陷的基因来发挥作用。

基因剪刀：充满争议的 DNA 改造

后来，人们发现了 CRISPR-Cas9，这是一种细菌体内特有的核酸 - 蛋白质复合体，它的作用是剪切基因，细菌用它来防御有害病毒的碱基序列入侵。CRISPR 是构成这种复合体的核酸，Cas9 则是与其关联的蛋白质，它们共同构成 CRISPR-Cas9 系统（可简称 CRISPR）。其中，CRISPR 好比“搜寻手”，负责找到有害病毒的碱基序列，当“搜寻手”找到这段序列后，就会停在这个位置并做出标记。此时，Cas9 就登场了，它是一种剪切酶，专门用来将特定的碱基序列精确地剪切下来。

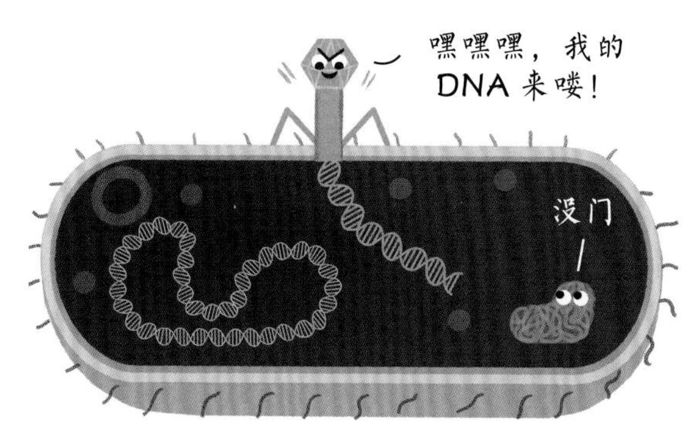

Cas9 是一种蛋白质，它可以定向剪切掉有敌意的碱基序列

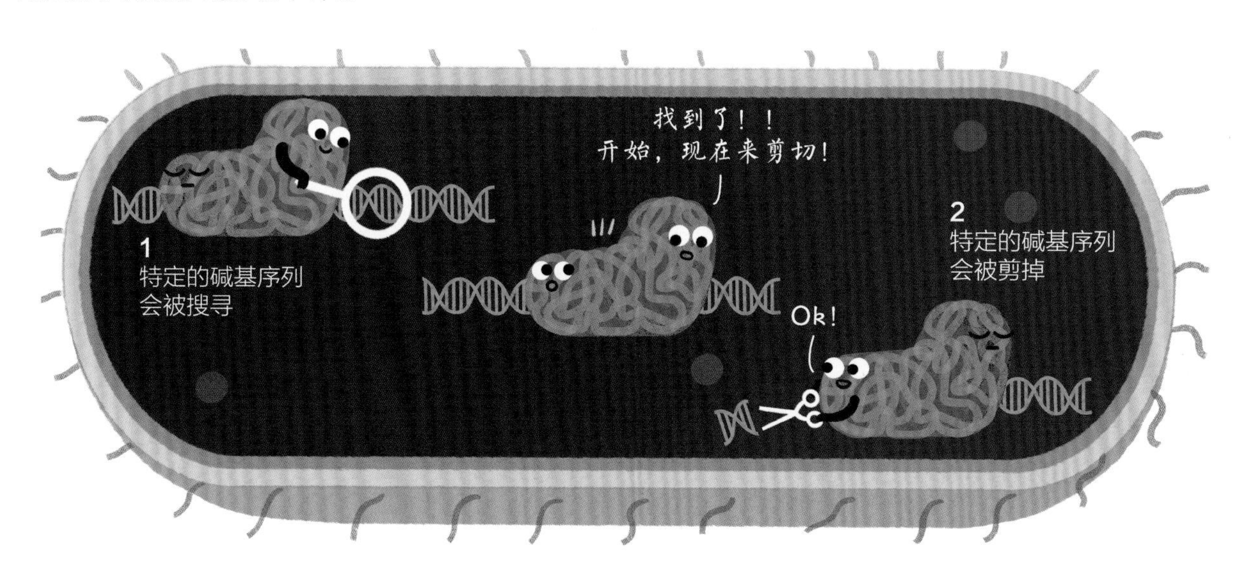

法国科学家埃玛纽埃勒·沙尔庞捷和美国科学家珍妮弗·道德纳对于细菌里的这种独特武器兴致高昂。他们想将这种武器作为定向改造 DNA 的一种工具。

因为“搜寻手”可以根据任意的碱基序列被人工编码，进而得以改造，然后“剪刀手”就可以对准那个位置定向地将 DNA 剪切下来。这样就会影响到 DNA 修复：一些碱基可以被剪掉，基因的一部分可以被去除，新的碱基也可以被添加进去。DNA 因此可以被随意地改造了。虽然 CRISPR 并不是十全十美，偶尔也会剪切错误，但该技术仍然比其他基因改造技术简单和准确。

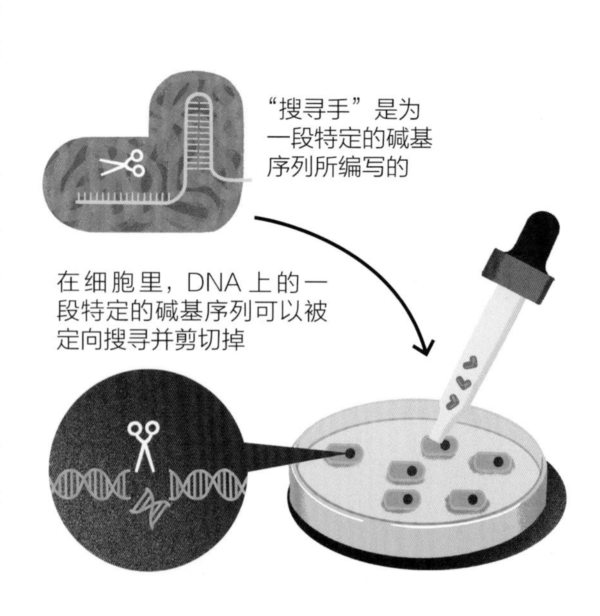

2020 年底，媒体报道了用 CRISPR 针对镰刀型细胞贫血症和 β 型地中海贫血症进行基因治疗的成功案例。这两种疾病的患者都无法正确地合成红细胞中的血红蛋白。此外，还有很多别的基因医疗项目也在筹划中。人们认为这种新技术很有前景。

同历史上其他重大发现一样，前景与隐患如影随形。

2018 年，一对通过使用 CRISPR 技术编辑过基因的双胞胎出生了。据报道，这对双胞胎的一个基因被定向关闭了。由于基因治疗此前仅用于体细胞的改造，且仅限于该患者本人。但是当基因改造被用于生殖细胞时，就意味着这种改造会被遗传给后代。

对生殖细胞的改造无异于开启人类定向改造 DNA 的时代，这种改造将会是永久性的。整个世界都为之震惊！许多科学家，包括 CRISPR 技术的发现者，都敦促全世界立刻停止一切对人类生殖细胞和胚胎的实验。我们首先要明确如何使用这种新技术，以及技术的边界在哪里。它在医疗上的潜力自然是巨大的：很多致病的基因可以被提前修复，无法治愈的疾病也可以预防。即使这项技术终有一天走到了这一步，人类应该将自己的进化掌控于手掌之中吗？那样做的后果又会如何？

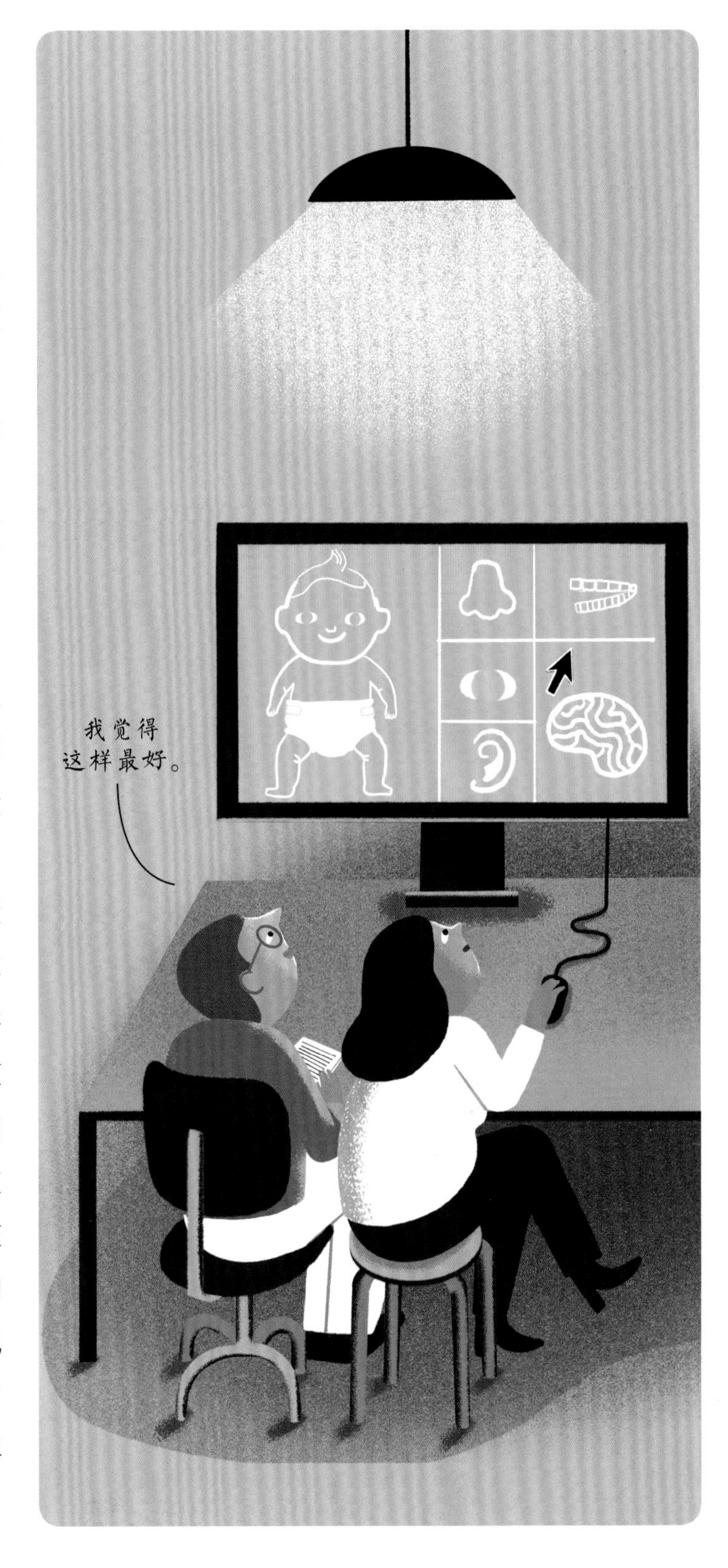

CRISPR-Cas9（简称 CRISPR）可以被用来定向改造 DNA。这种技术也被称作基因剪刀。

通过 CRISPR 基因治疗可以将一个有缺陷的 DNA 通过基因剪刀定向切除或者修复。

对于体细胞的基因治疗，只会影响患者本人；而对于生殖细胞的改造，则会影响其后代。

绿色基因技术

一直以来，人们培育植物都是依照选育优良品种的原则来进行的，也就是筛选通过基因突变而随机产生的性状改变。人们选择拥有最佳特性的植物，并对其进行多次繁育，这是一个极其漫长的过程！

后来，有了基因技术，尤其是有了基因剪刀技术后，就不必再去等待一个随机的基因变异出现，而可以定向地改变植物的 DNA。这样一来，经过改造的植物就可以更好地抵抗病虫害。除此之外，人们还想让植物能够适应某些特定的环境，希望能够提高产量，从而满足更多的需求。当然，人们也希望借此减少杀虫剂和其他有毒物质的使用。

人们想通过这种方法解决地球上很多贫穷地区缺乏维生素 A 的问题。每年都有大量儿童因此失明。于是，人们培育出了一些胡萝卜素（可转化为维生素 A）含量更高的植物种类，比如“金色大米”。

尽管这些都是宏伟有益的目标，但仍然有人对绿色基因技术持批判态度。为什么呢？一方面，人们认为将人造基因植入自然野生的植物里面，转基因植物会有可能改变已经存在的动植物平衡。这对于环境的风险是很难预估的。另一方面，有人认为食用这些食品对于人类健康的影响尚未明确。还有一些批判的观点认为，因为每年都要购买新种子来进行播种，贫穷国家的农民会因此增加经济负担。而这些基因技术做出的改变是否真能减少杀虫剂的使用，也尚待探讨。

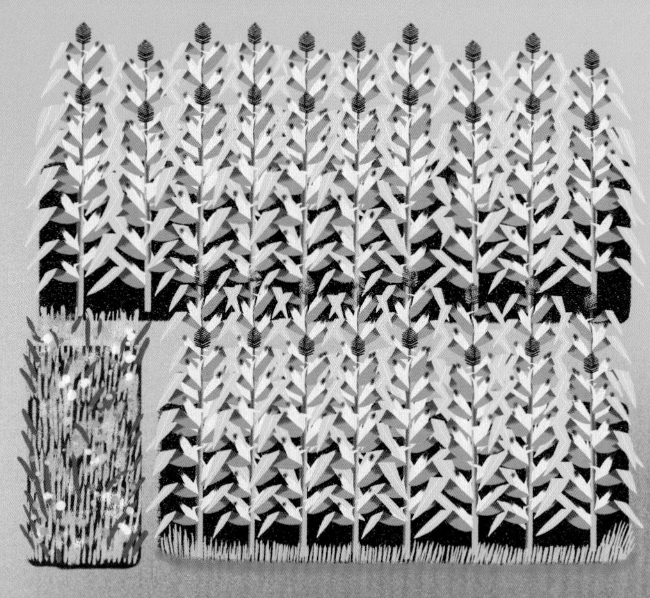

绿色基因技术指的是在农业中使用的基因技术。

金色大米：又称黄金水稻、黄金大米，是一种为了补充维生素 A 而将相关基因移植入大米的转基因食物。

让牛少放屁：为环保而努力的基因

我们刚刚已了解了基因技术对于环境的潜在风险，那么它有可能为环境保护做些贡献吗？事实上，这种行动已经开始了！

你一定听过甲烷气体，它属于温室气体，会加快地球的变暖。或许你也知道一大部分的甲烷气体是由牛制造的。准确来说，这些气体是由生活在牛胃里的细菌制造的。当牛放屁或者打嗝的时候，这些气体就会排放到空气中。为了减少该气体的排放量，牛的养殖量必须减少，那么人们就得少吃点牛肉了。为了减少牛对甲烷的排放，研究人员想方设法让牛胃里的细菌变得不再产生甲烷气体，或者少产生点。如此一来，每头牛就能少排放点甲烷气体。

二氧化碳是另外一种温室气体。2019年，在以色列魏茨曼研究所，由科学家罗恩·米洛带领的研究团队发现一种细菌，它不吃糖而是以周围的二氧化碳为食，并从中产出糖分。下一步就要用二氧化碳制造燃料了。

还有其他一些项目：吃塑料的细菌；生产生物塑料（生物塑料就是在自然环境中能很快降解掉的塑料）的细菌；在土壤和水里面追踪有毒物质并直接将其分解的细菌……各种各样有益的细菌。

这些新技术能够为我们已遭遇的因全球科技化而带来的问题提供一个解决方案吗？还是会带来新的难以解决的问题？答案在未来自会见分晓！

基因驱动：让蚊子不再传播疾病

抵抗力基因

卵细胞

基因驱动就是基因有方向的驱动，可以理解为涡轮驱动。因为基因驱动会飞速地将基因的变化传播到一个种群里，所以人们很想善用这一技术，比如用它来对抗疟疾。每年都有几十万人死于疟疾。疟疾是由疟原虫引起的传染病，主要通过蚊子叮咬进行传播。如果把蚊子变得可以抵抗疟原虫的感染，那么疟疾也就无法再传播了。

哈哈，从卵细胞开始，所有的蚊子都有抵抗力基因了。

可是如何让整个蚊子种群都产生抵抗力呢？让我们考虑一下，不妨在蚊群中传播一个能够产生抵抗力的基因。

带有抵抗力基因的蚊子

一个有抵抗力基因的蚊子和普通的蚊子（即没有抵抗力基因）进行交配，它们的后代就有一半带有抵抗力基因，另一半则没有，比例刚好是1：1。

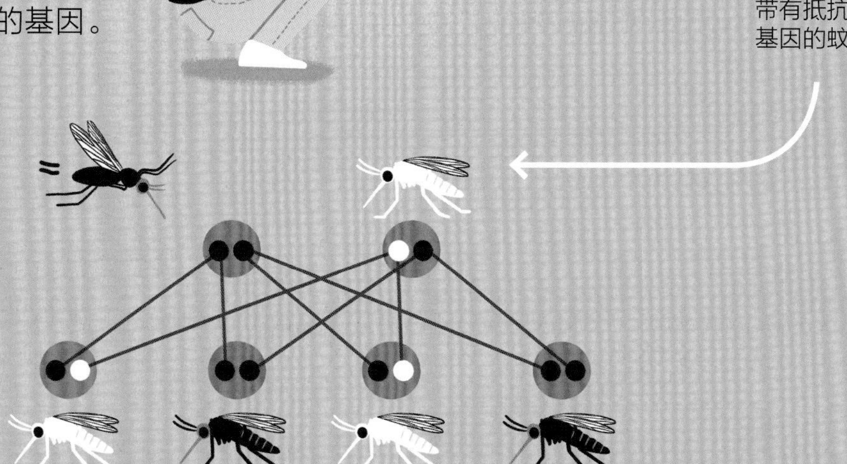

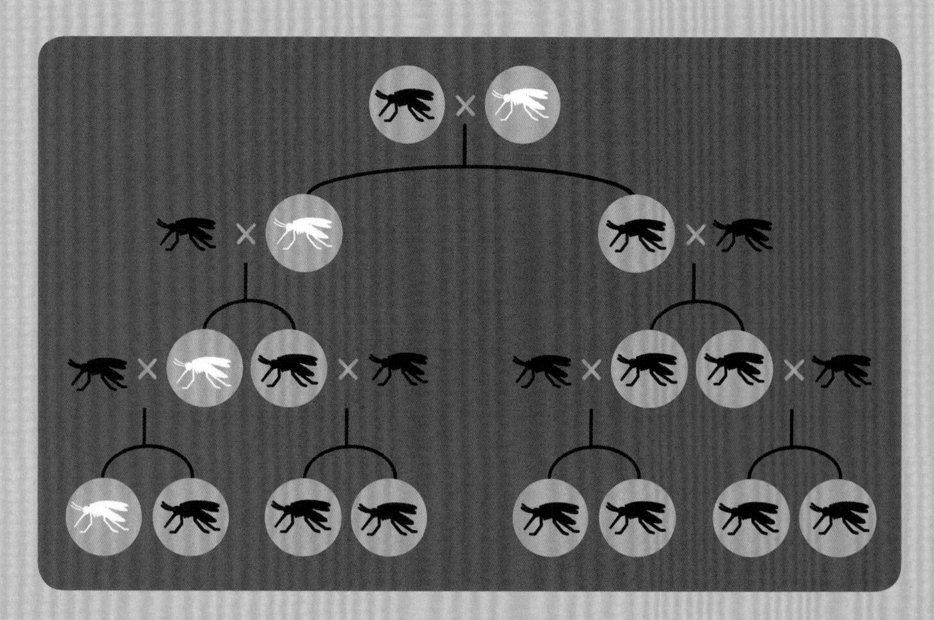

带有抵抗力基因的蚊子又会将这个基因传给下一代中一半的孩子。通过一代代的传递，抵抗力基因会变得越来越稀有，然后慢慢消失。

这样的话，抵抗力基因就没有办法传播开来。

基因驱动技术是如何在这里起作用的？这个技术最精彩的地方就是将这种基因额外加一个基因剪刀再植入。

这个过程是这样设计的：通过CRISPR找到普通基因并将其剪切掉，然后将抵抗力基因植入蚊子细胞，代替原先的基因。然后，“唰”的一下，细胞就拥有两个抵抗力基因的拷贝了。现在细胞带有两个抵抗力基因的拷贝，由其发育而来的蚊子会把抵抗力基因遗传给它全部的孩子，而不是像遗传定律那样只传给后代中的一半。

不止于此，基因剪刀也会被再次激活。它会识别出普通基因的拷贝部分，然后将它剪切掉，并将抵抗力基因植入进去。从此，蚊子的所有后代就都有两份抵抗力基因的拷贝了，并代代相传。

这样一来，用不了多久，就只剩下能够抵抗疟疾的蚊子了。

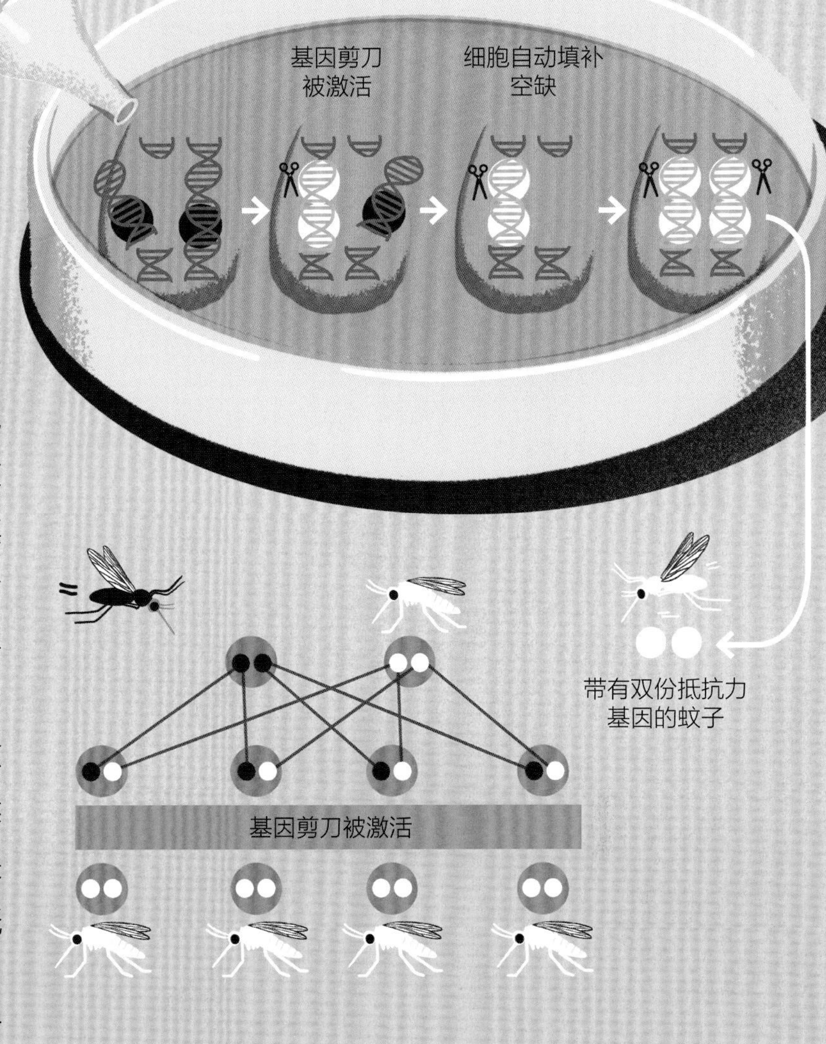

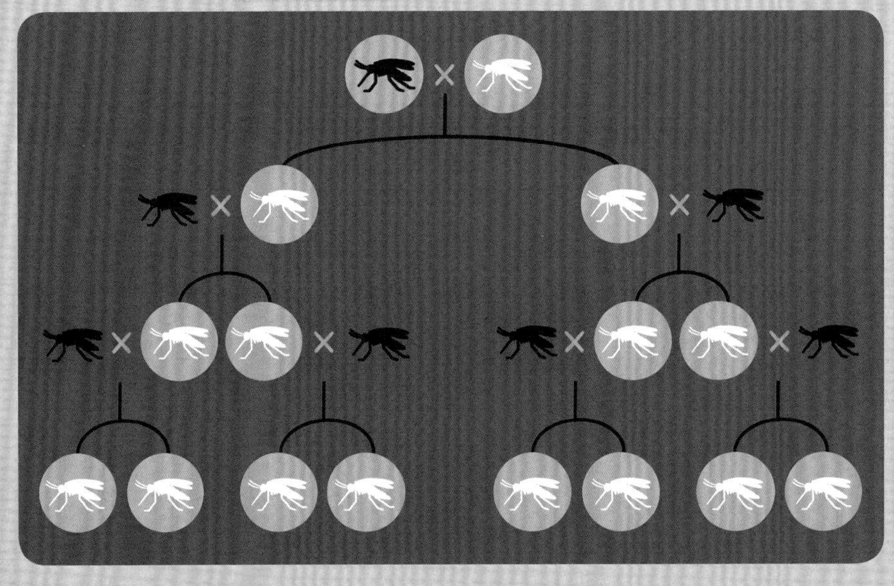

这真是天才般的创举，但也十分危险。想想看：整个蚊群都将被彻底改变。一旦将它引入，就几乎没有机会让它停下来。如果出现了一些无法预料的副作用又该怎么办？会有什么样的后果呢？

克隆：完全一样的你

1997 年 2 月 22 日，来自苏格兰的绵羊多利的照片传遍了全世界，因为它是世界上第一只用体细胞克隆出来的绵羊。

用体细胞克隆出来的？嗯，一般情况下，一只小羊羔的出生需要一个来自绵羊爸爸的雄性生殖细胞和一个来自绵羊妈妈的雌性生殖细胞。但绵羊多利的情况不一样。具体来说，就是将一个卵细胞的细胞核去掉，再替换上另外一只羊的乳房细胞的细胞核。这样一来，这个卵细胞的 DNA 就和乳房细胞的 DNA 一样了。这个卵细胞后来变成了多利。于是，多利拥有了给它提供乳房细胞的那只绵羊一样的基因。多利和那只羊在遗传上完全一致。这种遗传物质的拷贝也被人们称作克隆。

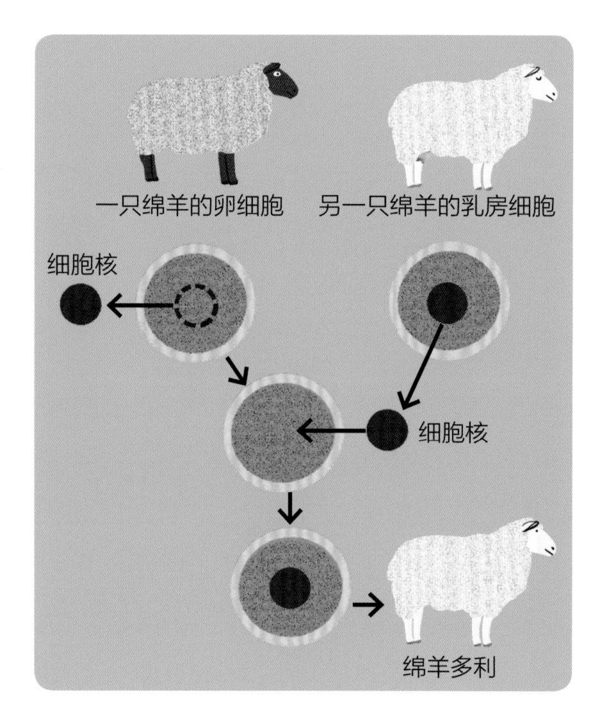

克隆在自然界里并不罕见：单细胞的细菌和酵母菌繁殖的时候就是分裂成两个完全相同的细胞。很多植物，比如草莓、土豆，都是通过茎来克隆自己进行繁殖的。此外，一些双胞胎就是自然克隆的。

实际上，果树的嫁接也相当于是克隆。倘若果农有一棵果树上结了格外可口的水果，果农就会从这棵果树上取下一根树枝，然后将它嫁接到另一棵树上。当这个树枝在新的果树上长好之后，它就具有了水果可口的那棵果树的特性，结出的果实也一样可口。这样，果农就培育了一棵好果树的复制品，一个克隆体！

其实动物的克隆也并不是什么新鲜事了。早在 1962 年，也就是比绵羊多利还早 30 多年的时候，英国科学家约翰 · 格登就在一次实验中克隆出了青蛙。

不过多利羊是世界上第一个被克隆的哺乳动物，后来又有了克隆牛、克隆山羊、克隆马、克隆狗……2018 年，从中国传出了克隆食蟹猕猴的消息。

在绵羊多利之后，尤其是在食蟹猕猴的克隆之后，关于克隆的讨论越来越激烈。首先是克隆实验的过程本身就充满问题。多利经历了近 300 次实验才终于问世，有很多小羊羔在出生前就已经死掉了。后来不久多利也生病了，并且寿命比普通羊短。除此以外，人们还担心这种实验会一步步走向克隆人类。当时，大多数的人都认为：克隆人类是应该被禁止的。

你可以想象一下：世界上有一个你的复刻版，甚至一个克隆军团，他们全部和你一模一样。甚至与世界上所有的人都一样，全都和你长得一样，数十亿个复刻版，就好像“统一的种类”。对此你会有何感受？这种假设令人毛骨悚然。

一个克隆体就是一个生命的遗传信息拷贝。

再生不是梦：神奇的全能细胞

在我们体内有着各种高度分化的细胞：皮肤细胞、神经细胞、血细胞，还有很多其他类型。当要再造一些某类细胞时，就由组织干细胞来完成。组织干细胞就像是一个储备库。比如说当你的皮肤受伤时，就会由皮肤干细胞产生新的皮肤细胞，然后伤口就可以愈合了。当然皮肤干细胞只能产生出皮肤细胞，绝不可能产生神经细胞或者血细胞。

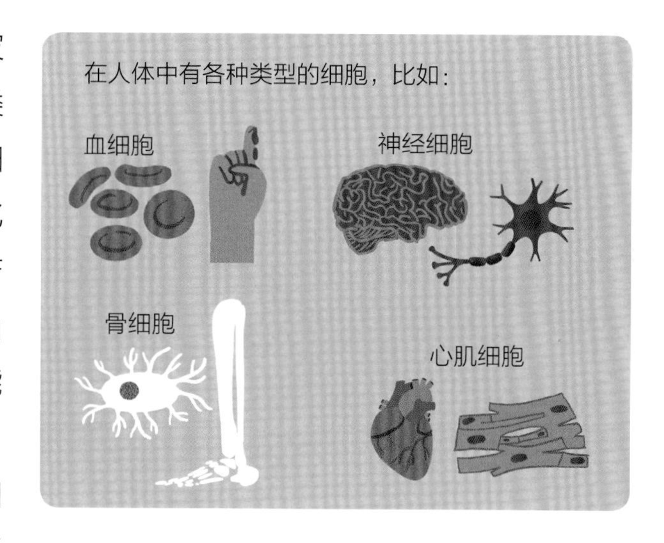

在生命之初却有所不同，有一种胚胎干细胞，可以变成任何细胞。它们尚未被限制在任何一种细胞种类下。这也就意味着，由它们可以发育成任何一种细胞。遗憾的是，胚胎干细胞只在胚胎发育早期才有。

2006 年，日本科学家山中伸弥成功完成了一个非比寻常的实验。他将皮肤中的细胞转化成了诱导性多功能干细胞。这个名字有点复杂，但值得你去认识，因为你还会听到更多关于它的事。这种干细胞具有与胚胎干细胞相似的功能，它可以发育成任何细胞。但二者有一个很大的区别：诱导性多功能干细胞可以随时从任意已经分化完成的体细胞中转化而来。研究人员希望用这种干细胞去替换体内生病的细胞。比如说，它们可以替代因心肌梗死而损坏的心脏细胞，也可以被用来再生下肢瘫痪病人的神经细胞。许多疑难杂症会因此获得治愈的希望。

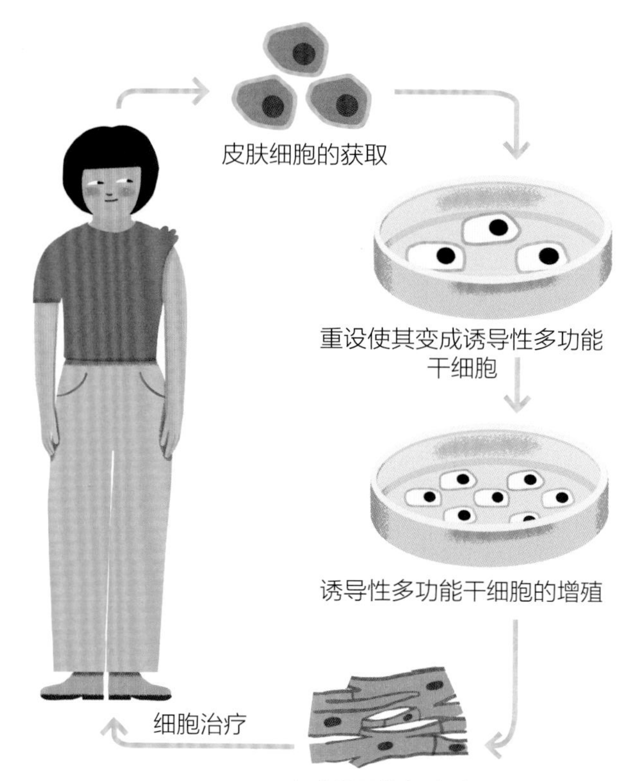

胚胎干细胞可以变化成所有的细胞类型，但它只存在于胚胎发育早期。

诱导性多功能干细胞是从体细胞变化而来的，这种体细胞返回到了胚胎时的状态。它们可以变化成各种不同的细胞类型。

研究人员希望，诱导性多功能干细胞有一天可以替代人体内有缺陷的细胞，进而治愈各种疑难杂症。

再现侏罗纪

每个细胞中都包含有这个生命体全部的遗传信息。一个单独的细胞可以长出一个完整的生命。一只青蛙、一只绵羊、一条狗、一只猫……那么，难道不能将一个已经灭绝很久的生物通过它的DNA复活过来，并带回到现代吗？电影《侏罗纪公园》的场景真的可以实现吗？

这个主意也不是完全不行！美国科学家乔治·丘奇就在波士顿的哈佛大学做着相关的研究，他尝试复活猛犸象。猛犸象在几千年前就已经灭绝了。研究人员在冰层里找到一些保存良好的标本，甚至还有猛犸象的毛发，里面含有猛犸象的DNA。尽管这些毛发已经因为年代久远而破损严重，但是科学家还是较成功地解码出猛犸象的遗传图谱。丘奇计划将猛犸象的基因植入到大象的DNA里面。当然也会再次用到基因剪刀。猛犸象，或者是类似猛犸象的大象，也许某一天就会重新漫步在我们的星球上。

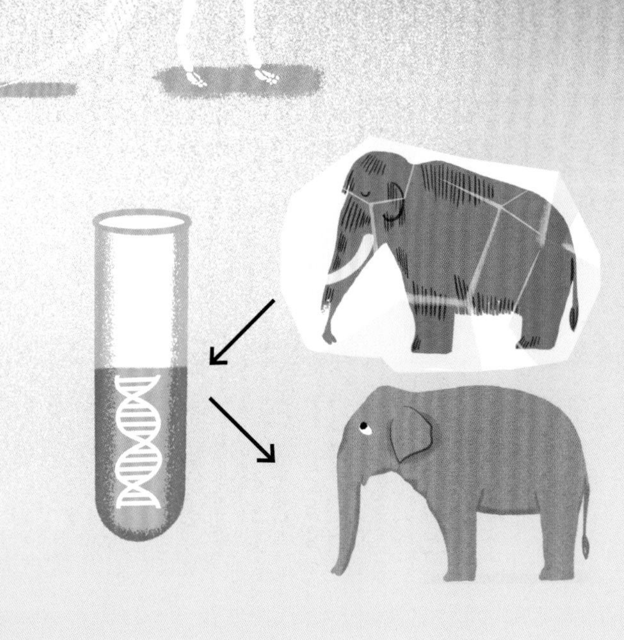

那恐龙呢？它们已经灭绝了好几千万年了。目前科学家并不认为DNA可以保存这么久，至少不会被保存在一个能够继续使用且足够良好的状态下。如此说来，《侏罗纪公园》就真的只是一个科幻电影了！

破案好帮手

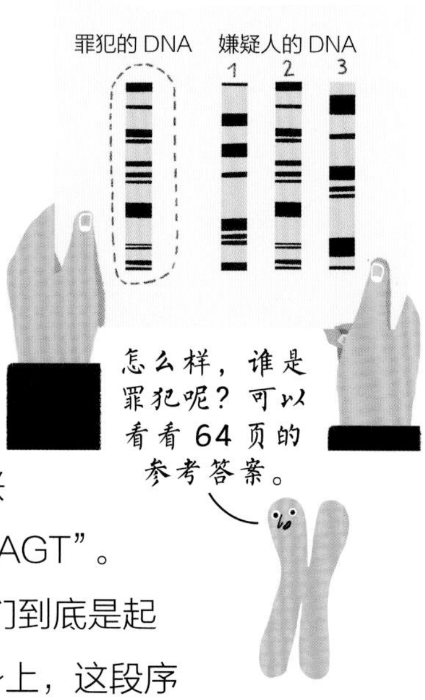

遗传学甚至在破案这方面也能扮演重要的角色。在犯罪现场找到的皮肤、毛发，或者血液的微弱痕迹都可以锁定罪犯。因为在这些微弱痕迹里可以找到有 DNA 的细胞。每个人的 DNA 都是独一无二的，通过 DNA 可以识别出一个人。1987 年，办案人员通过基因指纹破获了一起犯罪案件，取得了历史性的突破。但是，这个基因指纹到底是什么呢？

英国遗传学家亚历克 · 杰弗里斯当年在研究遗传疾病的时候，曾经对比了一个家庭各个成员的 DNA。他对一段特定的 DNA 片段饶有兴致，这个片段有着重复出现的碱基，如“CAGTCAGTCAGTCAGTCAGT”。这个片段一般都位于基因和基因之间，并且广泛分布于整个 DNA。它们到底是起什么作用的呢？人们此时还不是很了解。杰弗里斯发现，在不同的人身上，这段序列的重复次数是不同的。比如说一段序列在某个人身上重复出现 5 次，在第二个人身上可能重复 10 次，而在第三个人身上可能就是 20 次、50 次或者 100 次。这个 DNA 片段的长度会因人而异，甚至一对染色体的两条染色体也会有所不同。

杰弗里斯认为，人们可以根据这个重复的次数找到 DNA 所属的那个人。当然了，这不仅是通过一个位置上的重复，而是通过很多不同位置的重复组合。然后杰弗里斯意识到这将会是意义重大的一件事。基因指纹被找到了！没过多久，杰弗里斯就利用这种新技术将第一个作案人员抓进了监狱。

这个技术刚开始的时候非常费时费力，需要大量的材料来做研究。后来人们开始将这个技术与新的 PCR（聚合酶链式反应）技术结合起来后，一切都变容易了。PCR 可以使一个很小的 DNA 片段被大量的扩增，几百万倍的扩增！对于抓捕罪犯来说，现在只需要非常微量的罪犯 DNA，有时候甚至只需要一个细胞就足够找出他的基因指纹。那么，人们可以根据基因指纹准确找到对应的人吗？不完全行！因为同卵双胞胎的 DNA 是相同的，或者至少是近似相同的。基因指纹在这种情况下就无能为力了，但是这里就可以用到经典的手指指纹来证实罪犯的犯罪事实了，因为手指指纹即使在同卵双胞胎身上也是不同的。

基因指纹是一种通过确定 DNA 里面一个片段长度的方法来确定一个人的技术。

PCR 是一种扩增 DNA 的技术，通过这种技术可以将微量 DNA 扩增几百万倍。

走进疫苗的基因技术

2019 年底，一种新型冠状病毒（SARS-CoV-2）导致的首批病例出现了，不久，这种病毒快速传播到了全世界。为了保护人们免于感染，疫苗的生产面临着巨大的时间压力。这时候全新的基因技术就派上用场了。为什么呢?

长期以来，疫苗的基本原理就是将弱化的或者灭活的病原体（比如说某个病毒），又或者仅仅是病原体的蛋白质注射进身体里。这些作为疫苗的病原体不会对身体造成伤害，但免疫防御可以借此认识这些病原体，并且准备好迎战“真正的”病原体。当“真正的”病原体进入体内时，身体里的免疫防御早就准备好了，于是便能很快将它消灭掉。这样一来，人体就能免受此病毒的侵害，至少能减轻症状!

这种老式疫苗的开发和生产非常费时费力。通过基因技术，则能大大加快这一进程。基因技术与老式疫苗相比，最核心的区别是它不再将病原体或者其蛋白质注入进细胞里，而是将遗传信息直接注入进去。

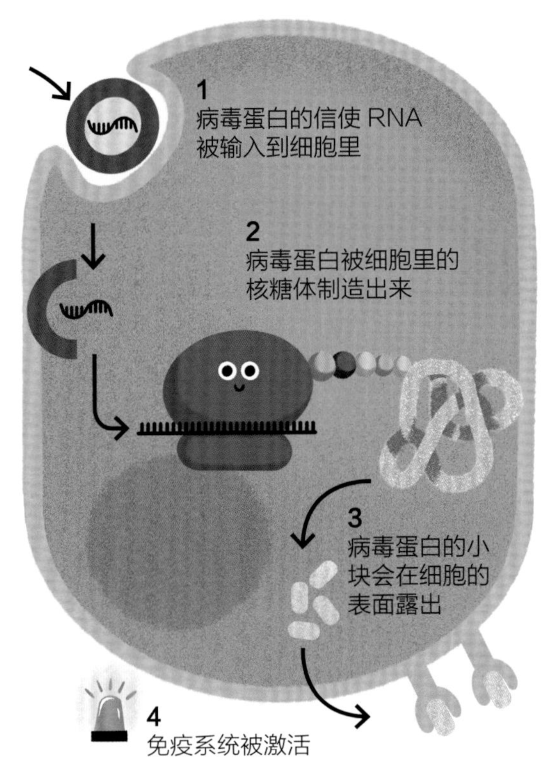

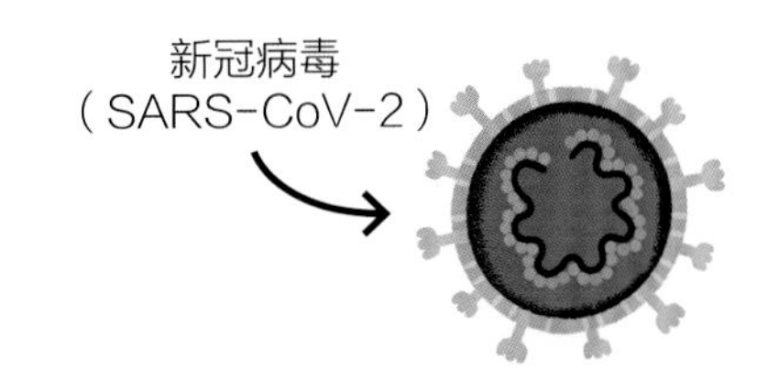

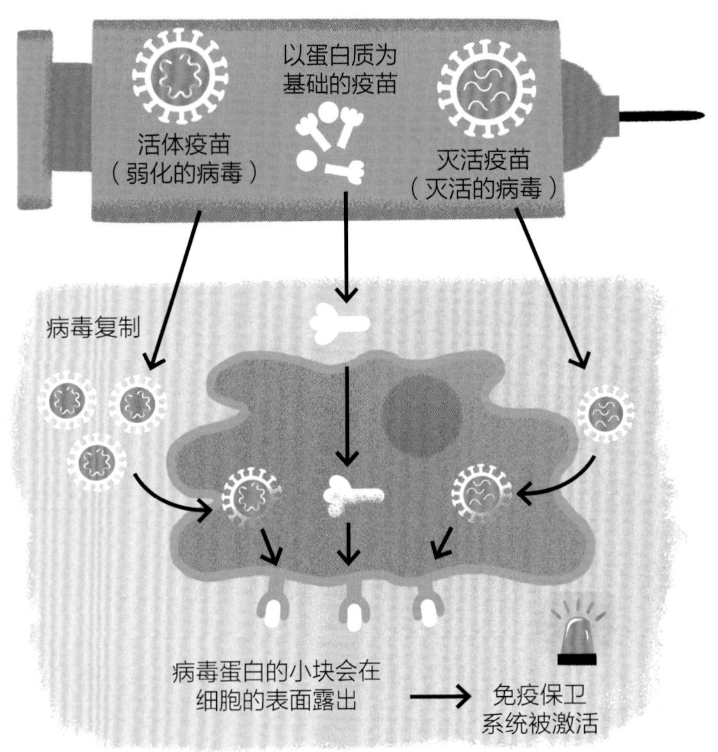

mRNA 疫苗在对抗新冠病毒上表现出了超强的效果。这种疫苗是将遗传信息以信使 RNA 的方式制备好。mRNA 这个概念就是信使 RNA 的缩写。为了将信使 RNA 带进细胞里面，会用脂质膜将它包裹起来。这个脂质膜跟体细胞的膜相互融合，使信使 RNA 进入到细胞里。通过信使 RNA，细胞会制造出一些陌生的蛋白质，之后就跟传统疫苗一样了：免疫防御先认识一下这个病原体并发展出一套对抗它的“武器”，这些“武器”在“真正的”病原体入侵时，就可以立刻投入到战斗中。

人们首先要有合适的膜来作为工具，然后就能将任意的病原体遗传信息片段注入到细胞里面。这种方法可以快速制成疫苗并根据实际需求进行适配。这对抗击新冠病毒大有裨益。而针对其他重症疾病（比如疟疾、癌症）的 mRNA 疫苗已经在研发中了。

解密之路，期待你加入

我们从生命的起源一路走来，将生命的语言——DNA 的密码解开。我们读出了人类的建造蓝图，这一过程中我们受益良多。我们从哪里来，是什么构成了我们，人与人之间有哪些相似，有何差别？还有，我们又该如何与自然紧密相连？

当然远不止这些。我们找到了人工改造生命蓝图的可能性。大胆地设想着如何用我们掌握的知识去对抗饥饿、气候变化以及疾病。有些愿望已开始实现，但是隐患仍在。如果新技术不能给人类带来福祉怎么办？如果新技术带来一些我们无法预测的事情怎么办？还有，我们要将它的使用界限设置在哪里？

诸如此类的问题尚有很多，并且都是我们无法解答的问题。还有更多的秘密仍待解开，还有很多的谜题等着像你一样的未来科学家去破解。

发现你身边的有趣基因

白化刺猬

除了正常颜色的刺猬，我们有时会在大自然中看到白色的刺猬，也就是白化刺猬。它们缺少黑色素。除了白色的身体以外，它们还有红色的眼睛。白化症是隐性遗传。那么请你来想想，然后画下来，如果一个白化刺猬和一个正常颜色的刺猬交配，会发生什么。它们会生下来白化刺猬吗？

一个小小的提示：白化基因的遗传和豌豆白色花的遗传是一样的。

家族族谱

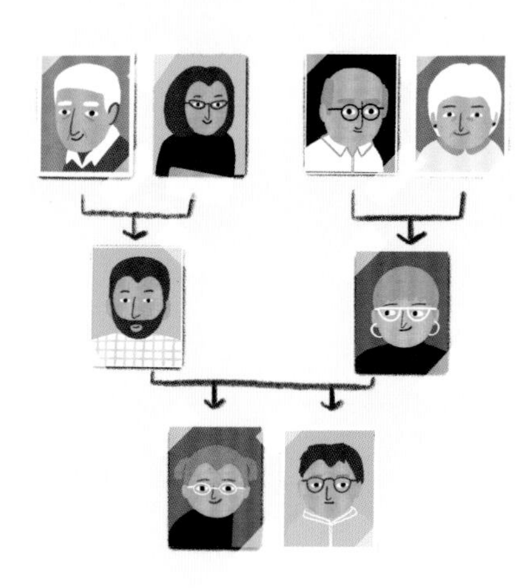

试着去追溯你家族基因的遗传！研究一下，你家族中谁的舌头可以卷起来，谁有附着耳垂（耳垂下端与脸颊紧紧贴合），谁的发际线有三棱髻（也就是美人尖）。或许你的家族中还有其他不同寻常的特征，比如下巴上的窝或者脸颊上的酒窝、红色的头发、蓝色的眼睛、雀斑等。搜集尽可能多的家族成员信息，然后做一个家族族谱。把家族成员画下来，或者把他们的照片贴在一张大卡纸上，然后把你搜集到的结果写在他们的画像或者照片下面。

怎么样，你可以找出遗传的模式吗？如果你有显性遗传的性状，比如酒窝或者美人尖，你的爸爸或者妈妈一般都会拥有这种性状。同样的，这种性状也会出现在你的爷爷奶奶或外公外婆身上。因为基因的变异只出现在一对染色体的其中一个上面，它一定会显示出来。但很多性状是由多个基因共同决定的，那就很难预测这个性状是否会遗传下去了。

染色体核型图

判断下列染色体核型图：这些染色体是来自一个男人的还是女人的？你有注意到什么特别的地方吗？

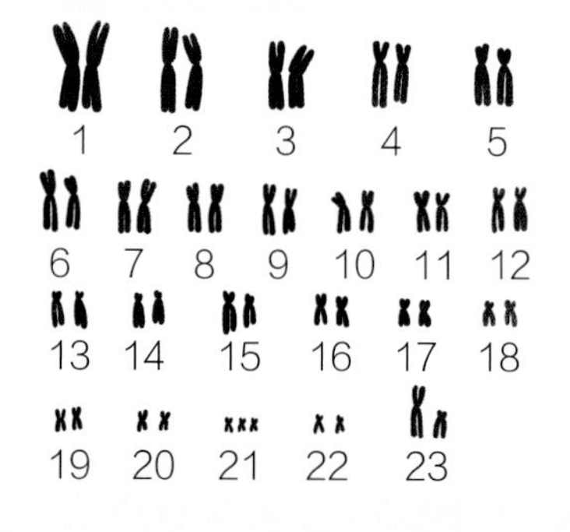

克隆

你可以自己动手来进行克隆！从自己的室内绿植或者花园绿植中选一棵健康的植物，将它的一根枝条剪下 10 厘米左右，如果有很大的叶子，也要去掉，然后把枝条插在水里。几天后，它就会长出根系，等它长出足够多的根系后，你可以将它移植到一个小花盆里。

（答案见 64 页）

名词解释

1. 遗传因子：基因的旧称。
2. 细胞：构成生命体的最小结构单位。也就是说，除了病毒之外，生命体都是由细胞构成的。有些生物只有一个细胞，例如细菌、单细胞藻类；有些生物有很多个细胞，例如人类。
3. 细胞分裂：细胞增殖的方式。
4. 基因：一个编码遗传信息的 DNA 片段。一条 DNA 长链上有很多个基因。
5. 脱氧核糖核酸（DNA）：生物体内用来存储和传递遗传信息的物质，它由碱基序列和骨架构成。
6. 核糖核酸（RNA）：存在于生物细胞以及部分病毒、类病毒中的遗传信息载体。RNA 与 DNA 的区别在于，DNA 相比 RNA 缺少了氧原子，所以 RNA 叫核糖核酸，而 DNA 叫脱氧核糖核酸。
7. 碱基：DNA 的组成部分之一。在 DNA 分子中一共有四种碱基，分别为腺嘌呤（A）、胸腺嘧啶（T）、胞嘧啶（C）以及鸟嘌呤（G）。
8. 染色体：细胞核的组成部分，它在细胞核中以串珠似的结构存在，其中包含着 DNA。
9. 信使 RNA：将细胞核内部的 DNA 分子中的信息转录下来，并带到细胞核外部的 RNA 被称作信使 RNA。
10. 转录：RNA 信使将一个 DNA 中存储的遗传密码拷贝的过程叫转录。RNA 可以转录任意基因，每个基因都可以被多次转录。
11. 胰岛素：哺乳动物体内用来降低血糖的一种激素，其化学本质是一种蛋白质。
12. 翻译：翻译是细胞中蛋白质合成的最后一个步骤，是转运 RNA 将氨基酸带到核糖体与对应的信使 RNA 结合的过程。
13. 显性基因：一般是指对性状有决定性作用的遗传基因。
14. 基因突变：DNA 分子发生的突然变异，其变异具体指的是 DNA 分子上碱基序列的改变。
15. 克隆：生物体通过体细胞进行的无性繁殖过程。
16. DNA 修复：通过特殊的生物技术将影响人体健康的非常规 DNA 片段进行编辑、调整或替换，从而修复为正常的 DNA。这种修复被称作 DNA 修复。
17. 基因剪刀：CRISPR-Cas9 这种复合物可以对基因进行定向剪切，故而将这种技术称为基因剪刀。
18. 基因编辑：通过生物技术对 DNA 分子长链进行基因序列的增加、减少或替换的行为。
19. 基因驱动：一个基因在一个群体中快速传播的过程，称为基因驱动。
20. 绿色基因：将基因编辑技术运用在农业上的技术手段称为绿色基因技术。

参考答案

第 26 页

密码表盘

怎么样，你解出密码了吗？看下面吧：

序列“GUC”对应的是缬氨酸。

序列“AGC”对应的是丝氨酸。

序列“AUG”对应的是甲硫氨酸。

人们也把“AUG”叫作起始密码子，因为“AUG”是翻译开始的地方，氨基酸链条的制造从它那里开始。

序列“UAG”没有对应的氨基酸，但它是一个被称作终止密码子的序列。它是翻译结束的地方，氨基酸链条在它那儿终结。

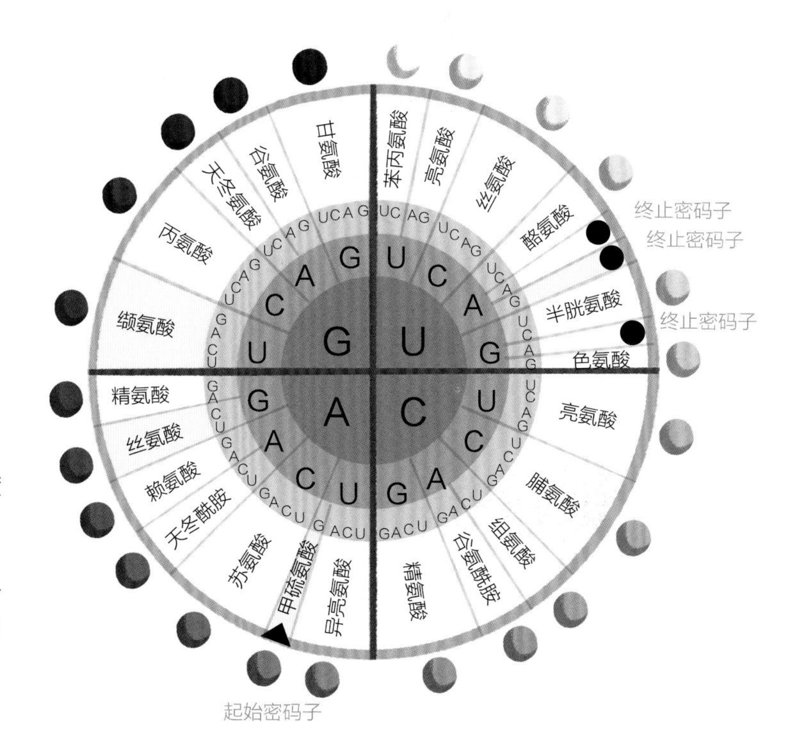

第 58 页

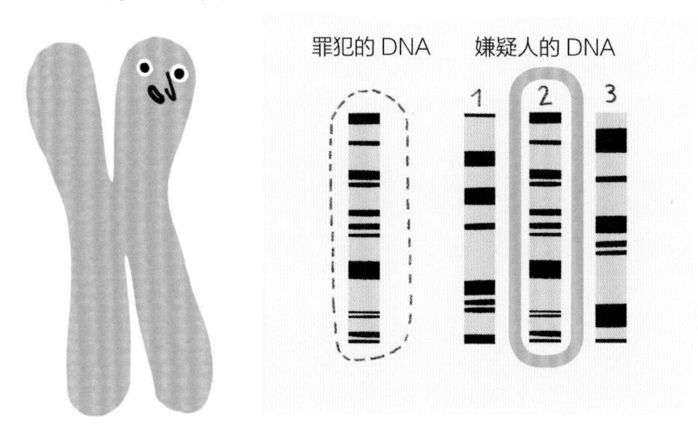

2 号嫌疑人是罪犯。因为其 DNA 试剂的条形图谱与犯罪现场的一致！这个图谱是怎么做出来的呢？特定的 DNA 片段会被扩增，然后根据它们的长度分开并给它们染色，最后就可以做出这样的图谱了。因为 DNA 片段的长度是因人而异的，从而可以确定要找的人。

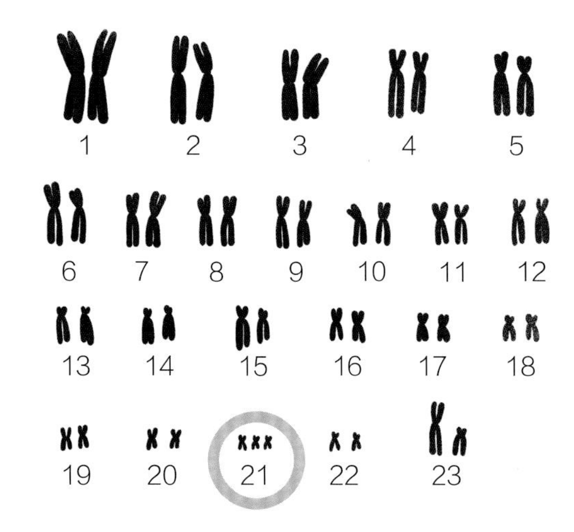

染色体核型图

给出的这张核型图中有一个 X 染色体和一个 Y 染色体，所以这个人的染色体性别应该是男性的。此外有一个地方很不同，就是 21 号染色体有三条。人们把这种染色体的冗余称作 21- 三体综合征或者唐氏综合征。关于唐氏综合征，你可以在网上了解更多的信息。

第 62 页

白化刺猬

下一代刺猬里面不会产生白化的刺猬，因为白化这种变异的基因会被正常颜色的这种“健康的”基因所覆盖。

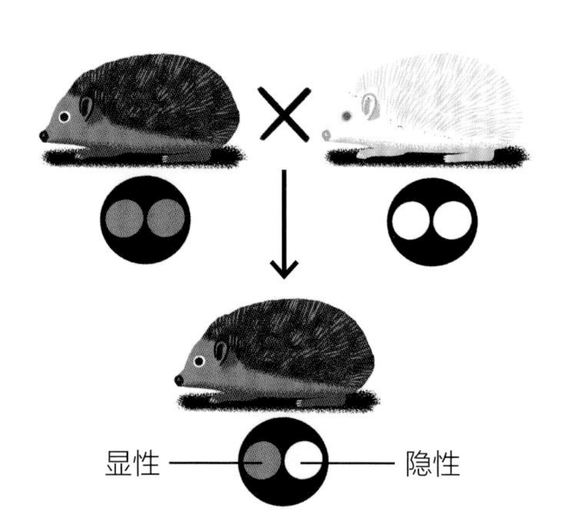